高等院校机械类应用型本科"十二五"创新规划系列教材

顾问·张 策　张福润　赵敖生

工程制图习题集

主　编　周福成　熊南峰

副主编　王　笑

参　编　武庆东

GONGCHENG ZHITU XITIJI

华中科技大学出版社
http://www.hustp.com
中国·武汉

内容简介

本习题集与熊南峰、周福成主编的《工程制图》教材配套使用,为高等院校机械类应用型本科"十二五"创新规划系列教材。

本习题集包括制图的基本知识和技能,正投影基础(点、直线和平面的投影),基本立体、轴测图、组合体、机件的表达方法,标准件与常用件,零件图,装配图等内容。

本习题集以基本题为主,辅以适当的综合练习题,习题难度适中,数量稍有宽裕,能满足应用型本科院校或高等职业院校机械类专业及相关专业等不同层次学生的需求。

图书在版编目(CIP)数据

工程制图习题集/周福成　熊南峰　主编.—武汉:华中科技大学出版社,2012.6(2020.10重印)
ISBN 978-7-5609-7933-5

Ⅰ.工… Ⅱ.①周… ②熊… Ⅲ.工程制图-高等学校-习题集 Ⅳ.TB23-44

中国版本图书馆 CIP 数据核字(2012)第 086003 号

工程制图习题集　　　　　　　　　　　　　　　周福成　熊南峰　主编

策划编辑:俞道凯
责任编辑:周忠强
封面设计:陈　静
责任校对:朱　霞
责任监印:张正林
出版发行:华中科技大学出版社(中国·武汉)
　　　　　武昌喻家山　邮编:430074　电话:(027)81321913
录　　排:武汉楚海文化传播有限公司
印　　刷:湖北大合印务有限公司
开　　本:787mm×1092mm　1/8
印　　张:15.5
字　　数:161千字
版　　次:2020年10月第1版第8次印刷
定　　价:26.00元

本书若有印装质量问题,请向出版社营销中心调换
全国免费服务热线:400-6679-118　竭诚为您服务
版权所有　侵权必究

高等院校机械类应用型本科"十二五"创新规划系列教材

编审委员会

顾　问： 张　策　　天津大学仁爱学院
　　　　　张福润　　华中科技大学文华学院
　　　　　赵敖生　　三江学院

主　任： 吴昌林　　华中科技大学

副主任：（排名不分先后）
　　　　　潘毓学　　长春大学光华学院　　　　李杞仪　　华南理工大学广州学院
　　　　　王宏甫　　北京理工大学珠海学院　　王龙山　　浙江大学宁波理工学院
　　　　　魏生民　　西北工业大学明德学院

编　委：（排名不分先后）

陈秉均	华南理工大学广州学院	邓　乐	河南理工大学万方科技学院
王进野	山东科技大学泰山科技学院	卢文雄	贵州大学明德学院
石宝山	北京理工大学珠海学院	王连弟	华中科技大学出版社
孙立鹏	华中科技大学武昌分校	刘跃峰	桂林电子科技大学信息科技学院
宋小春	湖北工业大学工程技术学院	孙树礼	浙江大学城市学院
陈凤英	大连装备制造职业技术学院	吴小平	南京理工大学紫金学院
沈萌红	浙江大学宁波理工学院	张胜利	湖北工业大学商贸学院
邹景超	黄河科技学院工学院	陈富林	南京航空航天大学金城学院
郑　文	温州大学瓯江学院	张景耀	沈阳理工大学应用技术学院
陆　爽	浙江师范大学行知学院	范孝良	华北电力大学科技学院
顾晓勤	电子科技大学中山学院	胡夏夏	浙江工业大学之江学院
黄华养	广东工业大学华立学院	盛光英	烟台南山学院
诸文俊	西安交通大学城市学院	黄健求	东莞理工学院城市学院
侯志刚	烟台大学文经学院	曲尔光	运城学院
神会存	中原工学院信息商务学院	范扬波	福州大学至诚学院
林育兹	厦门大学嘉庚学院	胡国军	绍兴文理学院元培学院
眭满仓	长江大学工程技术学院	容一鸣	武汉理工大学华夏学院
刘向阳	吉林大学珠海学院	宋继良	黑龙江东方学院
吕海霆	大连科技学院	李家伟	武昌工学院
于慧力	哈尔滨石油学院	张万奎	湖南理工学院南湖学院
殷劲松	南京理工大学泰州科技学院	李连进	北京交通大学海滨学院
胡义华	广西工学院鹿山学院	张洪兴	上海师范大学天华学院

秘　书： 俞道凯　　华中科技大学出版社

高等院校机械类应用型本科"十二五"创新规划系列教材

总　　序

《国家中长期教育改革和发展规划纲要》(2010—2020)颁布以来,胡锦涛总书记指出:教育是民族振兴、社会进步的基石,是提高国民素质、促进人的全面发展的根本途径。温家宝总理在 2010 年全国教育工作会议上的讲话中指出:民办教育是我国教育的重要组成部分。发展民办教育,是满足人民群众多样化教育需求、增强教育发展活力的必然要求。目前,我国高等教育发展正进入一个以注重质量、优化结构、深化改革为特征的新时期,从 1998 年到 2010 年,我国民办高校从 21 所发展到了 676 所,在校生从 1.2 万人增长为 477 万人。独立学院和民办本科学校在拓展高等教育资源、扩大高校办学规模,尤其是在培养应用型人才等方面发挥了积极作用。

当前我国机械行业发展迅猛,急需大量的机械类应用型人才。全国应用型高校中设有机械专业的学校众多,但这些学校使用的教材中,既符合当前改革形势又适用于目前教学形式的优秀教材却很少。针对这种现状,急需推出一系列切合当前教育改革需要的高质量优秀专业教材,以推动应用型本科教育办学体制和运行机制的改革,提高教育的整体水平,加快改进应用型本科的办学模式、课程体系和教学方式,形成具有多元化特色的教育体系。现阶段,组织应用型本科教材的编写是独立学院和民办普通本科院校内涵提升的需要,是独立学院和民办普通本科院校教学建设的需要,也是市场的需要。

为了贯彻落实教育规划纲要,满足各高校的高素质应用型人才培养要求,2011 年 7 月,华中科技大学出版社在教育部高等学校机械学科教学指导委员会的指导下,召开了高等院校机械类应用型本科"十二五"创新规划系列教材编写会议。本套教材以"符合人才培养需求,体现教育改革成果,确保教材质量,形式新颖创新"为指导思想,内容上体现思想性、科学性、先进性和实用性,把握行业岗位要求,突出应用型本科院校教育特色。在独立学院、民办普通本科院校教育改革逐步推进的大背景下,本套教材特色鲜明,教材编写参与面广泛,具有代表性,适合独立学院、民办普通本科院校等机械类专业教学的需要。

本套教材邀请有省级以上精品课程建设经验的教学团队引领教材的建设,邀请本专业领域内德高望重的教授张策、张福润、赵敖生等担任学术顾问,邀请国家级教学名师、教育部机械基础学科教学指导委员会副主任委员、华中科技大学机械学院博士生导师吴昌林教授担任总主编,并成立编审委员会对教材质量进行把关。

我们希望本套教材的出版,能有助于培养适应社会发展需要的、素质全面的新型机械工程建设人才,我们也相信本套教材能达到这个目标,从形式到内容都成为精品,真正成为高等院校机械类应用型本科教材中的全国性品牌。

高等院校机械类应用型本科"十二五"创新规划系列教材

编审委员会

2012-5-1

前 言

本习题集与熊南峰、周福成主编的《工程制图》教材配套使用，适用于应用型本科院校或高等职业院校机械类专业及相关专业的教学用书或供自学者参考。

本习题集的编写本着"突出应用，服务专业"的指导思想，突出应用、适用、够用和创新（即三用一新）的特点，充分体现了理论与实践相结合。在内容编排上，力求与配套教材协调一致，注重知识的逻辑性、递进性和习题的典型性，省略了教材中内容较浅、在实践中应用较少的第10章"其他工程图样"的配套习题，以精简习题集内容。其他篇章编排与配套教材一致。

本习题集由周福成、熊南峰主编，王笑担任副主编。参加编写的有周福成（第1、3、8、9章）、王笑（第2、6章）、熊南峰（第4、5章）、武庆东（第7章）。

本习题集在编写过程中得到了很多同仁的支持和帮助，并参考借鉴了一些国内同类型习题集，在此特向各位作者表示感谢。由于编者水平有限，选编的习题难免存在不足之处，敬请读者批评指正。

编 者

2012年4月

目　录

第 1 章　制图的基本知识和技能 ………………………………………………………………… (1)
1-1　字体练习 ……………………………………………………………………………………… (1)
1-2　图线练习及尺寸标注 ………………………………………………………………………… (2)
1-3　几何作图 ……………………………………………………………………………………… (3)
1-4　平面图形作图练习 …………………………………………………………………………… (4)

第 2 章　正投影基础 ………………………………………………………………………………… (5)
2-1　点的投影 ……………………………………………………………………………………… (5)
2-2　直线的投影 …………………………………………………………………………………… (6)
2-3　平面的投影 …………………………………………………………………………………… (8)

第 3 章　基本立体 …………………………………………………………………………………… (10)
3-1　立体的投影及其表面取点、取线 …………………………………………………………… (10)
3-2　立体表面取点、取线，平面与立体相交 …………………………………………………… (11)
3-3　平面与立体相交 ……………………………………………………………………………… (12)
3-4　平面与回转体相交 …………………………………………………………………………… (13)
3-5　立体与立体相交 ……………………………………………………………………………… (14)

第 4 章　轴测图 ……………………………………………………………………………………… (16)
4-1　正等轴测图 …………………………………………………………………………………… (16)
4-2　斜二轴测图 …………………………………………………………………………………… (17)

第 5 章　组合体 ……………………………………………………………………………………… (18)
5-1　按指定的分解方式画组合体 ………………………………………………………………… (18)
5-2　画组合体三视图 ……………………………………………………………………………… (20)
5-3　标注组合体的尺寸 …………………………………………………………………………… (22)
5-4　选择正确的轴测图 …………………………………………………………………………… (24)
5-5　补画组合体视图中缺漏的图线 ……………………………………………………………… (25)
5-6　补全组合体的第三视图 ……………………………………………………………………… (27)
5-7　实训 …………………………………………………………………………………………… (31)

第 6 章　机件的表达方法 …………………………………………………………………………… (32)

6-1 视图	(32)
6-2 全剖视图	(33)
6-3 半剖视图	(36)
6-4 局部剖视图	(38)
6-5 断面图	(39)
6-6 表达方法综合练习	(40)

第 7 章 标准件与常用件 ·· (41)

7-1 螺纹的规定画法和标注	(41)
7-2 螺纹紧固件的规定画法和标注	(42)
7-3 螺纹紧固件的连接画法(可任选两题,画在 A3 图纸上)	(43)
7-4 直齿圆柱齿轮的规定画法	(44)
7-5 键、销和滚动轴承的画法	(45)

第 8 章 零件图 ·· (46)

8-1 零件表达方案与尺寸标注	(46)
8-2 表面粗糙度、极限与配合	(47)
8-3 读零件图(一)	(48)
8-4 读零件图(二)	(49)
8-5 画零件图	(50)

第 9 章 装配图 ·· (51)

9-1 拼画联轴器装配图	(51)
9-2 由零件图画装配图	(52)
9-3 读装配图(一):夹线体	(53)
9-4 读装配图(二):换向阀	(54)
9-5 读装配图(三):平口钳	(56)

参考文献 ·· (58)

第1章 制图的基本知识和技能

1-1 字体练习

班级　　　姓名　　　审核

1. 书写长仿宋体字。

机械电子制图院系专业班级学号

技术要求基础投影零件装配轴测

设计审核比例材料数量共第张组合体日期

剖视尺寸计算机辅助绘图球阀粗糙度螺纹

齿轮键销标准沉孔电气热能自动化通信数姓名成绩

2. 书写字母及数字。

ABCDEFGHIJKLMNOPQRSTUVWXYZ

abcdefghijklmnopqrstuvwxyz

0123456789 I II III IV V VI VII VIII IX X α β γ φ θ λ

| 1-2 图线练习及尺寸标注 | | 班级 | 姓名 | 审核 |

1. 在指定位置，依样画出下列图线和箭头。

粗实线
细实线
虚线
点画线
双点画线
波浪线
箭头
剖面线

2. 在指定位置画出下面的图形。

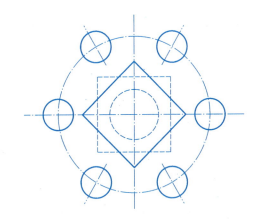

3. 标注下列图线尺寸,按1:1的比例从图中量取(取整数)。

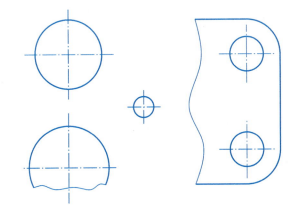

4. 在指定位置,用1:4的比例画出下面图形,并标注尺寸。

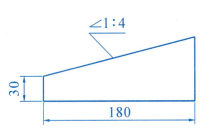

5. 用1:2的比例在指定位置画出所示图形,并标注尺寸。

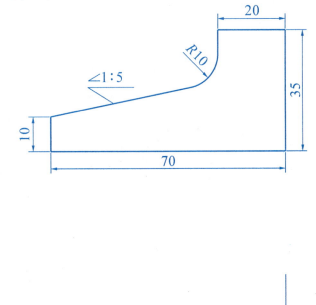

| 1-3 几何作图 | 班级 | 姓名 | 审核 |

1. 标注平面图形尺寸,数值按1:1的比例从图中量取(取整数)。

(1)

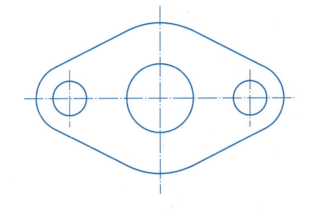

2. 用四心圆法画出长轴为60 mm、短轴为40 mm的椭圆。

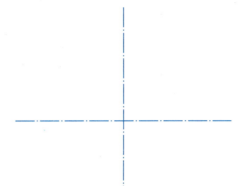

3. 画出φ60的圆的内接正六边形。

4. 参照左下方所示图形的尺寸,按1:1的比例在指定位置处补全图形。

(2)

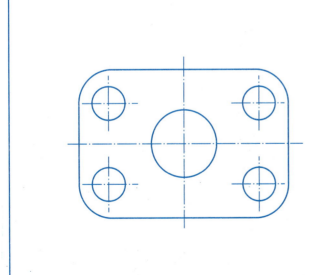

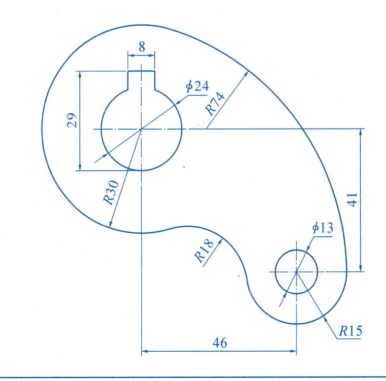

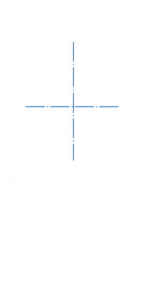

| 1-4 平面图形作图练习 | 班级　　　姓名　　　审核 |

把下面图形按1:1的比例画在A3幅面的图纸上，并标注尺寸。图名：几何作图。

(1)　　　　　　　　　　　　　　(2)

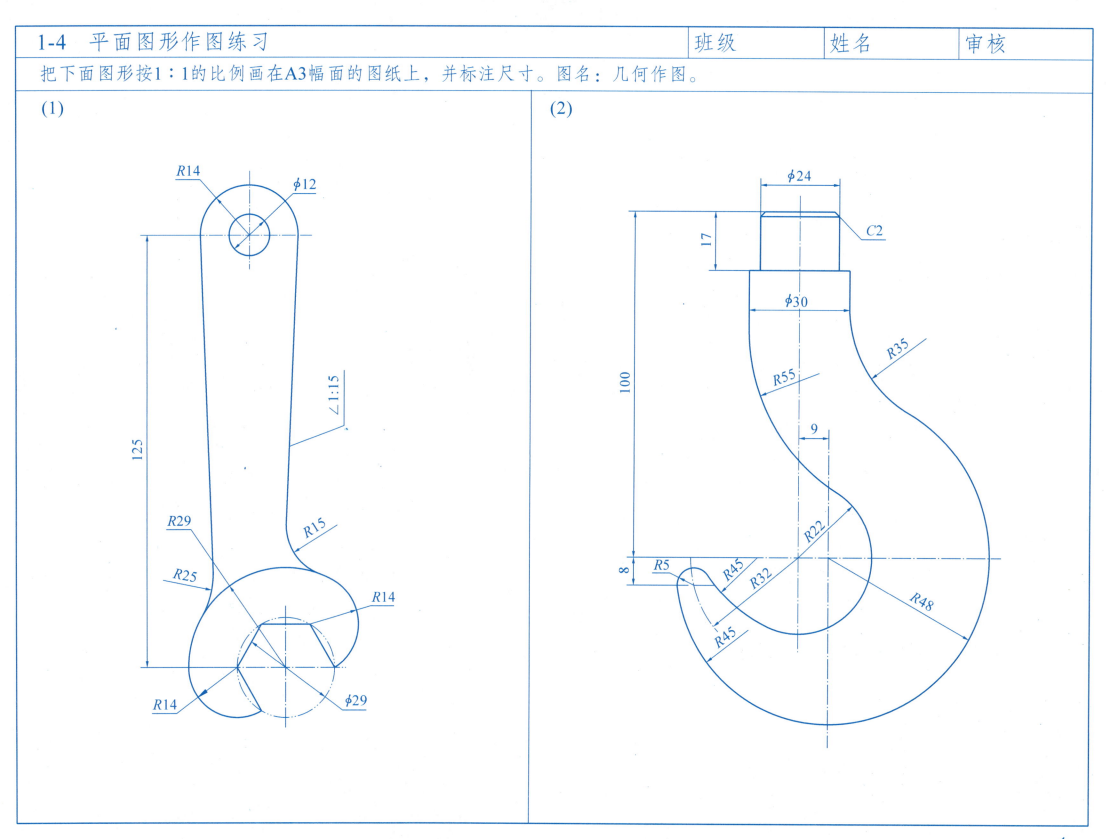

第 2 章 正投影基础

2-1 点的投影

| 班级 | 姓名 | 审核 |

1. 已知各点的两面投影，画出它们的第三面投影，并完成右边的填空题。

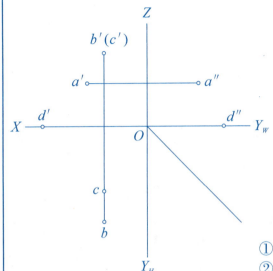

① 点 A 位于点 B 的（　）、（　）、（　）方。
② 点 B 位于点 C 的（　）方，它们是（　）投影面上的（　）点。
③ 点 D 是位于（　）投影面上的点。

2. 已知点 $A(30,15,25)$，点 $B(20,0,10)$，点 C 在投影轴 Y 上，距 V 投影面 20 mm，分别画出它们的三面投影。

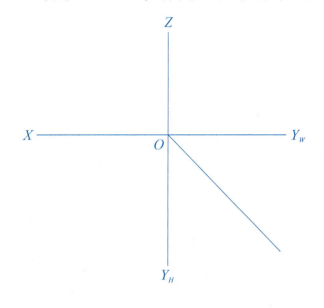

3. 已知点 A 在 H 面之上 30 mm，点 B 在 V 面上，点 C 在投影轴 X 上，点 D 距 V 面 25 mm，补全各点的两面投影。

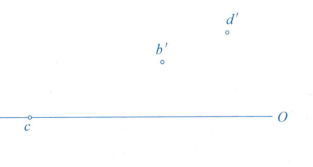

4. 已知点 A 的三面投影，补全点 B、C 的第三面投影，不画投影轴。

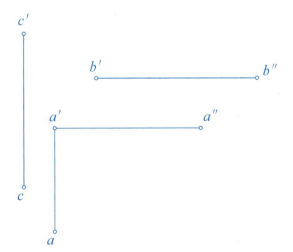

5. 根据立体图，在投影图中分别标注出点 A、B、C 的三面投影，并在立体图上标出点 K 的位置。

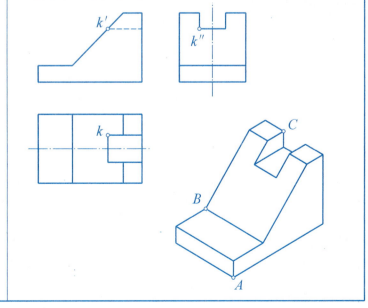

· 5 ·

| 2-2 直线的投影 | 班级 　　　姓名 　　　审核 |

1.补画下列直线段的第三面投影，并判断其相对投影面的位置。

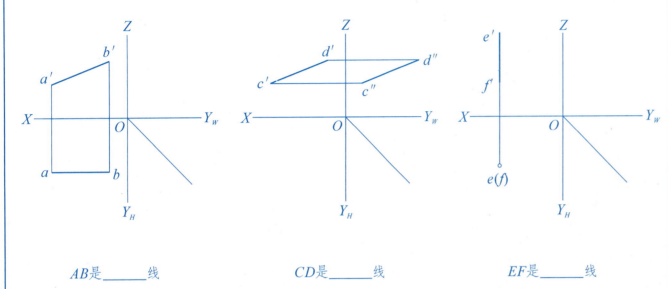

AB是_____线　　　　CD是_____线　　　　EF是_____线

2.判断下列直线相对投影面的位置。

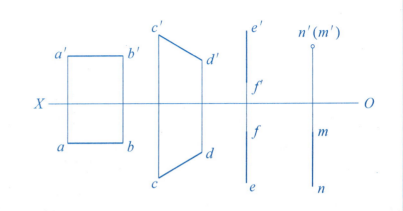

AB是_____线　CD是_____线　EF是_____线　MN是_____线

3.已知点A、B、C三点共线，作出该直线的两面投影。

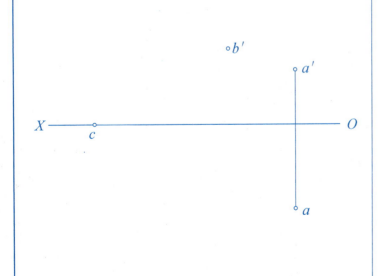

4.已知距W面20 mm的侧平线AB的侧面投影，以及离V面10 mm的侧垂线CD的正面投影，补全两直线的两面投影，并判断它们是否相交。

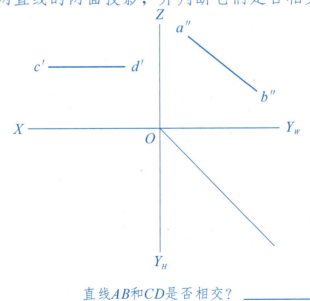

直线AB和CD是否相交？_____

5.判断点K是否在直线AB上，点M是否在直线CD上。

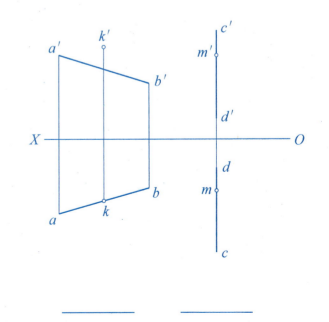

_____　　_____

· 6 ·

| 班级 | 姓名 | 审核 |

6. 过点K作一直线KL与直线AB平行，且与直线CD相交。

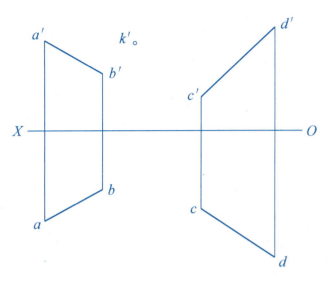

7. 过点A作一水平线AB与直线CD和EF相交。

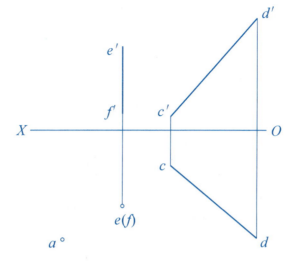

8. 标出重影点的投影，并判别可见性。

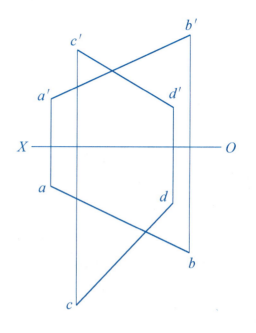

9. 判断两直线的相对位置。

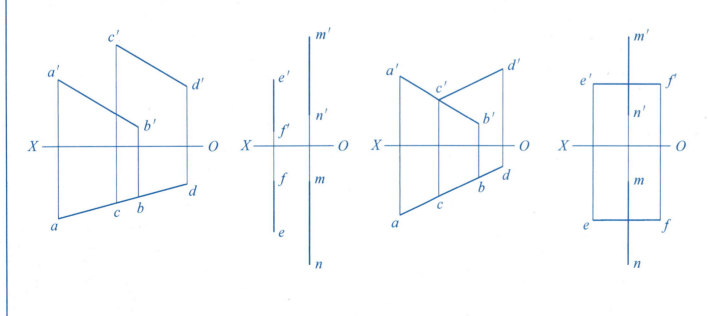

10. 补画三棱锥的侧面投影，并判断直线的相对位置。

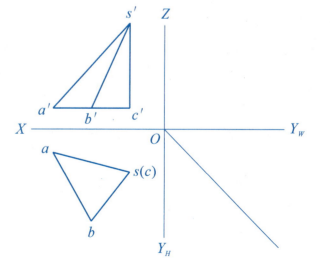

直线SC与直线AB_____，直线BC与直线SA_____

2-3 平面的投影

1. 画出平面的第三面投影，并判断其相对投影面的位置。

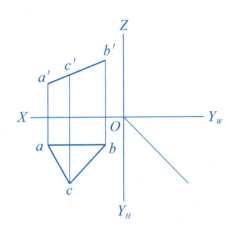
平面ABC是_____面

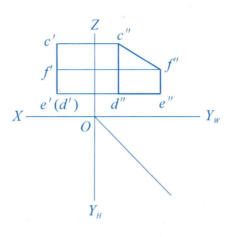
平面BCD是_____面

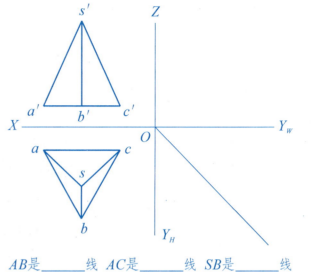
平面CDEF是_____面

2. 补画三棱锥的侧面投影，并判断直线和平面相对投影面的位置。

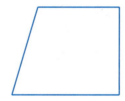

AB是_____线　AC是_____线　SB是_____线
SA是_____线　平面ABC是_____面
平面SAC是_____面　平面SAB是_____面

3. 参照轴测图，在三视图中指出平面P、Q、R的投影，用小写字母表示。

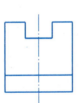
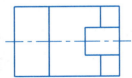

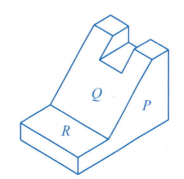

平面P是_____面
平面Q是_____面
平面R是_____面

4. 参考轴测图，在三视图中指出平面P、Q的位置(用小写字母表示)，并补全其水平投影。

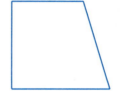
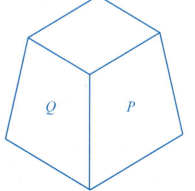

| 班级 | 姓名 | 审核 |

5. 判断点K和直线MN是否在平面ABC上。

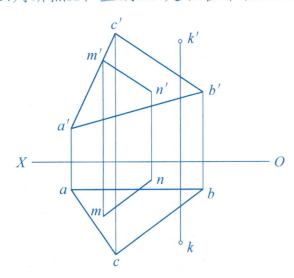

直线MN_____平面上，点K_____平面上

6. 判断A、B、C、D四点是否在同一平面上。

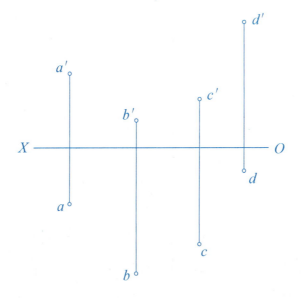

四点_____同一平面上

7. 已知平面的两面投影，求作第三面投影，并作出平面上的点K的其余投影。

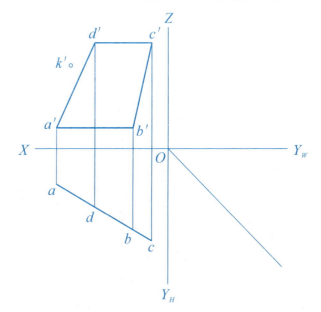

8. 补全五边形ABCDE的两面投影。

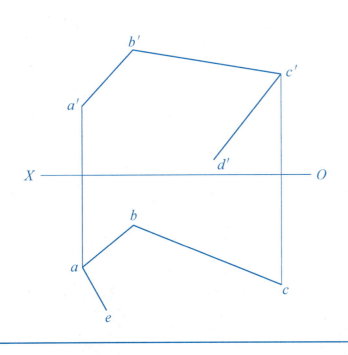

9. 平面EFG在平面四边形ABCD上，求作其水平投影。

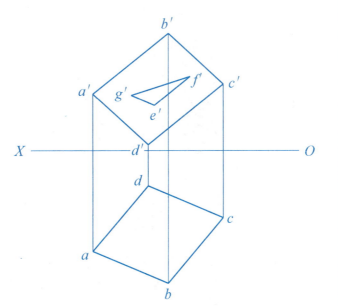

10. 求作直线EF与平面ABC的交点K，并判别可见性。

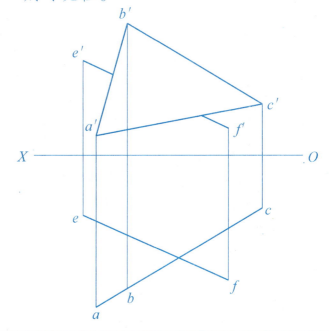

·9·

第 3 章 基本立体

3-1 立体的投影及其表面取点、取线　　班级　　姓名　　审核

1. 画出正五棱柱的侧面投影，并补全表面点的三面投影。

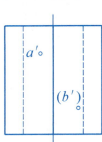

2. 画出正三棱锥的侧面投影，并补全表面点的三面投影。

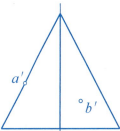

3. 画出正六棱柱的正面投影，并补全表面折线的三面投影。

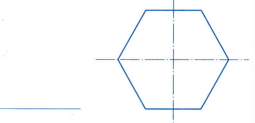

4. 画出三棱锥的侧面投影，并补全表面折线ABCD的三面投影。

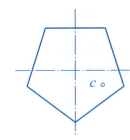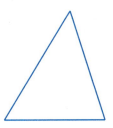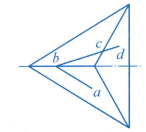

5. 画出圆柱的正面投影，并补全表面点的三面投影。

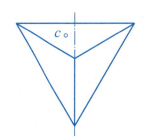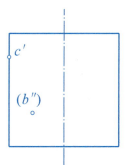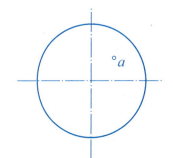

6. 画出圆锥的侧面投影，并补全表面点的三面投影。

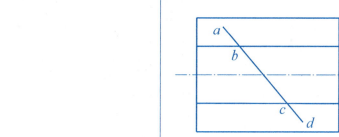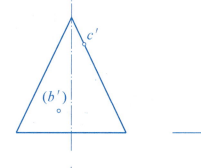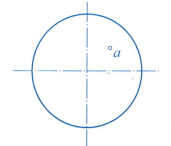

| 3-2 立体表面取点、取线，平面与立体相交 | 班级 | 姓名 | 审核 |

1. 补全圆锥表面素线SA、圆弧EF的三面投影。

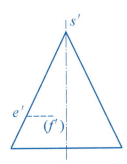
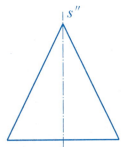
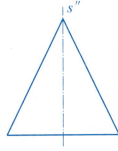

2. 画出圆球的侧面投影，并补全表面点的三面投影。

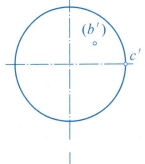
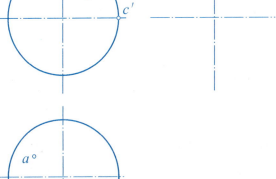

3. 补全半球表面的圆弧AB、BC、CD的三面投影。

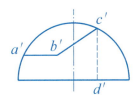
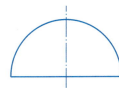
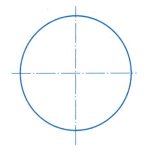

4. 补全三棱锥被正垂面截切后的水平投影和侧面投影。

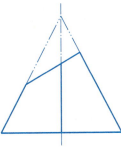

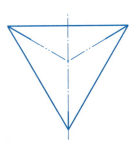

5. 补全正六棱柱被正垂面截切后的水平投影和侧面投影。

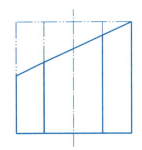
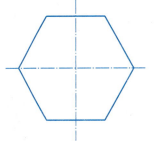

6. 补全五棱台被正垂面截切后的水平投影和侧面投影。

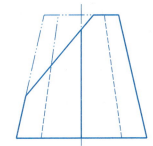

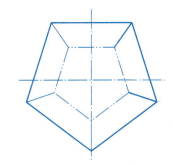

| 3-3 平面与立体相交 | | 班级　　姓名　　审核 |

1. 补全四棱柱被水平面和正垂面截切后的水平投影和侧面投影。

2. 补全圆柱被正垂面截切后的侧面投影。

3. 补全圆柱被截切后的水平投影和侧面投影。

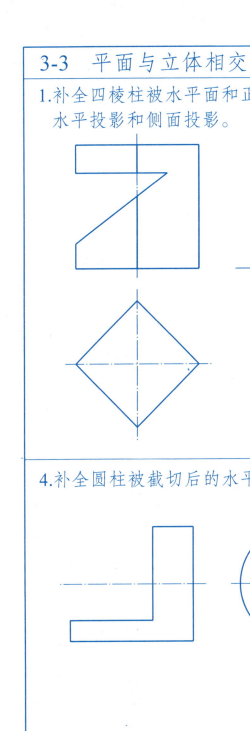
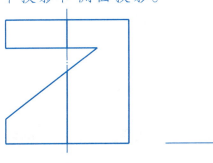
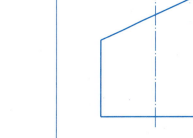
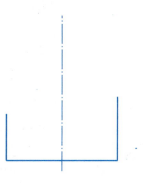
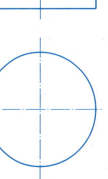
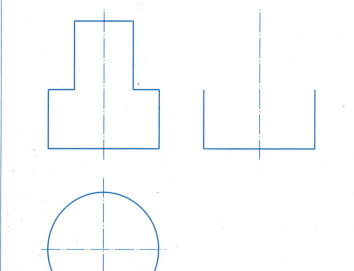

4. 补全圆柱被截切后的水平投影。

5. 补全圆柱被穿方孔后的水平投影和侧面投影。

6. 已知立体的正面投影和侧面投影，补全它的水平投影。

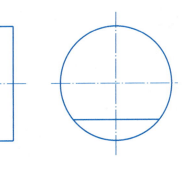
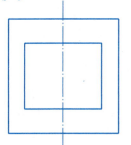
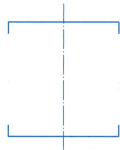
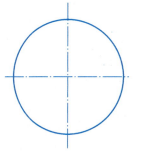
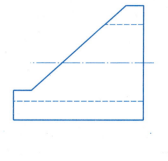
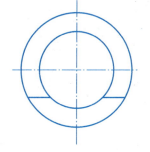
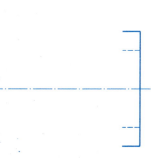

| 3-4 平面与回转体相交 | 班级 | 姓名 | 审核 |

1. 补全圆锥被正垂面截切后的水平投影和侧面投影。

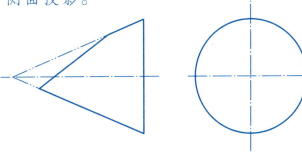

2. 补全圆锥被水平面和正垂面截切后的水平投影和侧面投影。

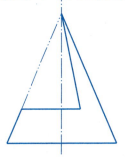
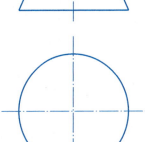

3. 补全圆锥被平行于素线的正垂面截切后的水平投影和侧面投影。

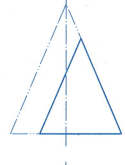
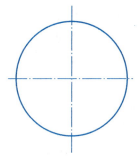

4. 补全半球被挖切后的水平投影和侧面投影。

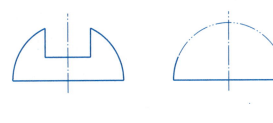
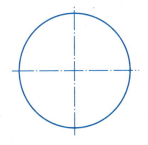

5. 补全球被水平面和正垂面截切后的水平投影和侧面投影。

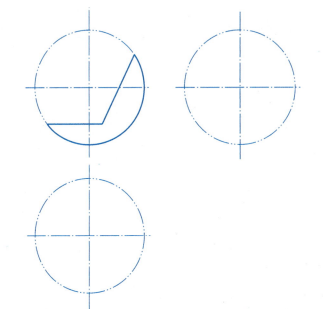

6. 补全立体被截切后的水平投影。

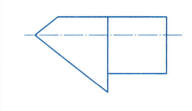
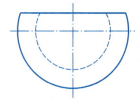
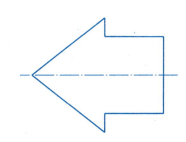

| 3-5 立体与立体相交 | 班级 | 姓名 | 审核 |

1. 求两圆柱体的相贯线投影。

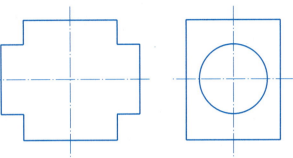

2. 补全两圆柱内外相贯线的正面投影。

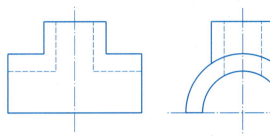
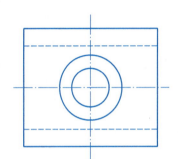

3. 补全圆柱与圆孔相贯线的侧面投影。

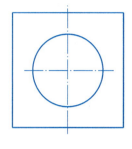
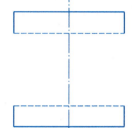
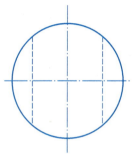

4. 补全半圆筒被穿孔后的内、外相贯线正面投影。

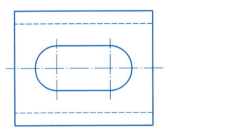

5. 补全四棱柱被穿孔后相贯线的正面投影。

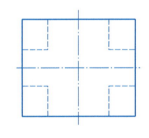
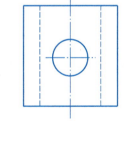
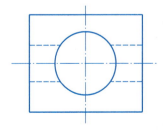

6. 补全圆柱和半球相贯后的水平投影和正面投影。

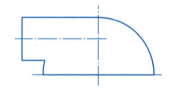
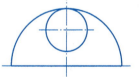
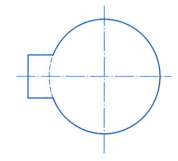

· 14 ·

| | 班级 | 姓名 | 审核 |

7.补全圆柱和圆台相贯线的正面投影和水平投影。

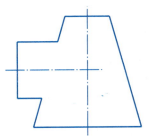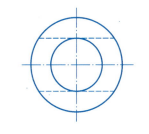
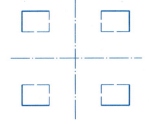

8.补全圆柱被穿孔后的水平投影。

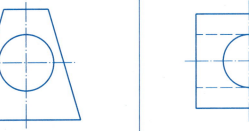
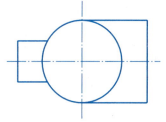

9.补全圆柱与圆柱相贯后的正面投影。

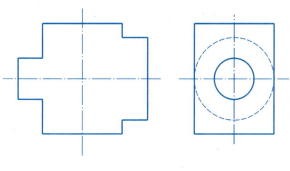

10.补全圆柱、球和圆锥相贯后的正面投影和水平投影。

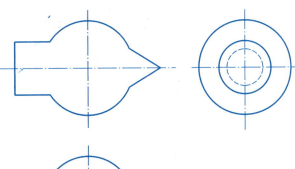
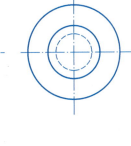

11.补全相贯立体的三面投影。

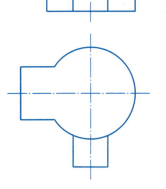

12.补全相贯立体的正面投影和侧面投影。

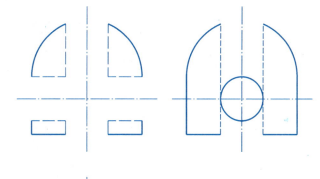
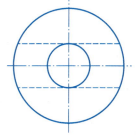

·15·

第 4 章 轴测图

4-1 正等轴测图

班级　　　姓名　　　审核

分析立体视图，在指定位置绘制其正等轴测图。

(1)

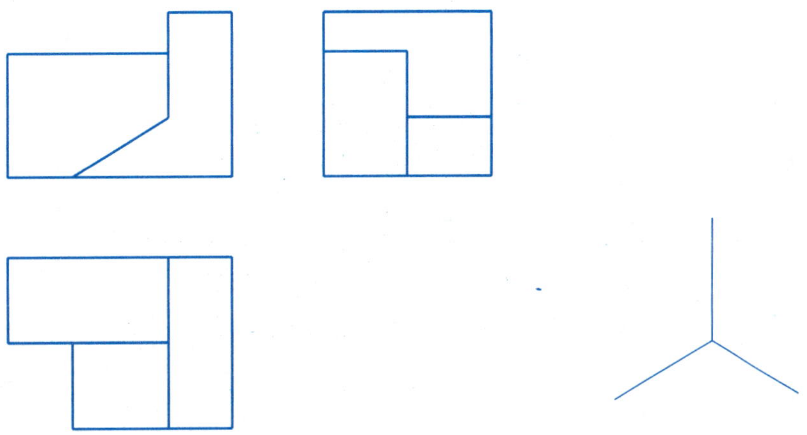

(2)

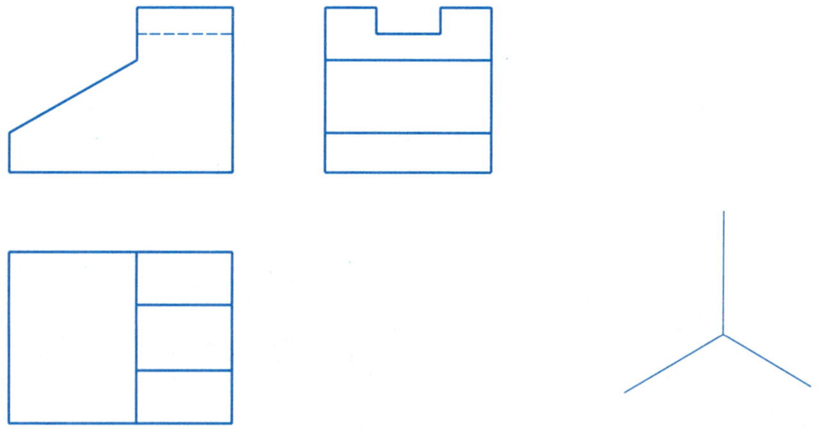

(3)

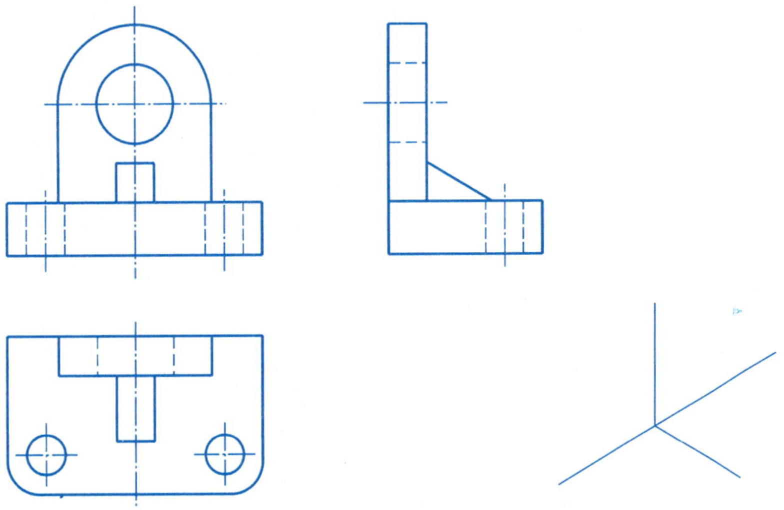

(4)

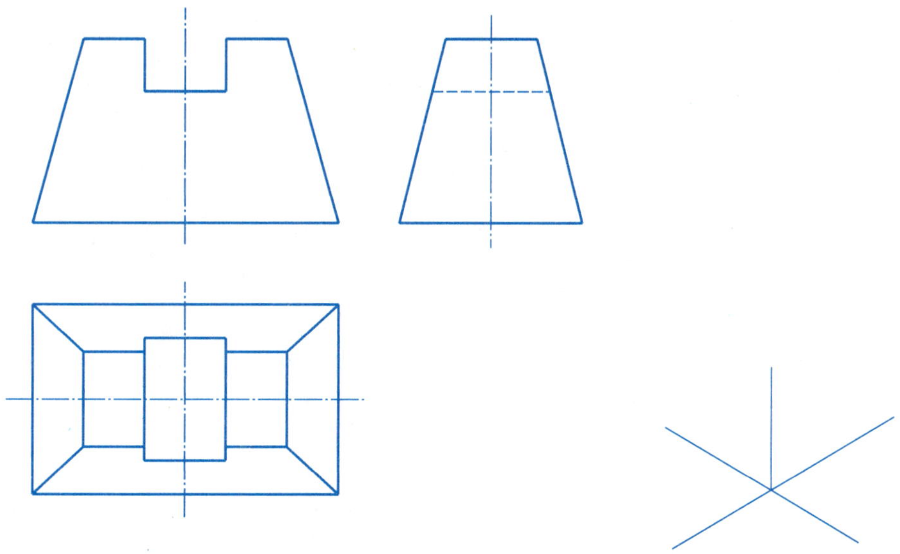

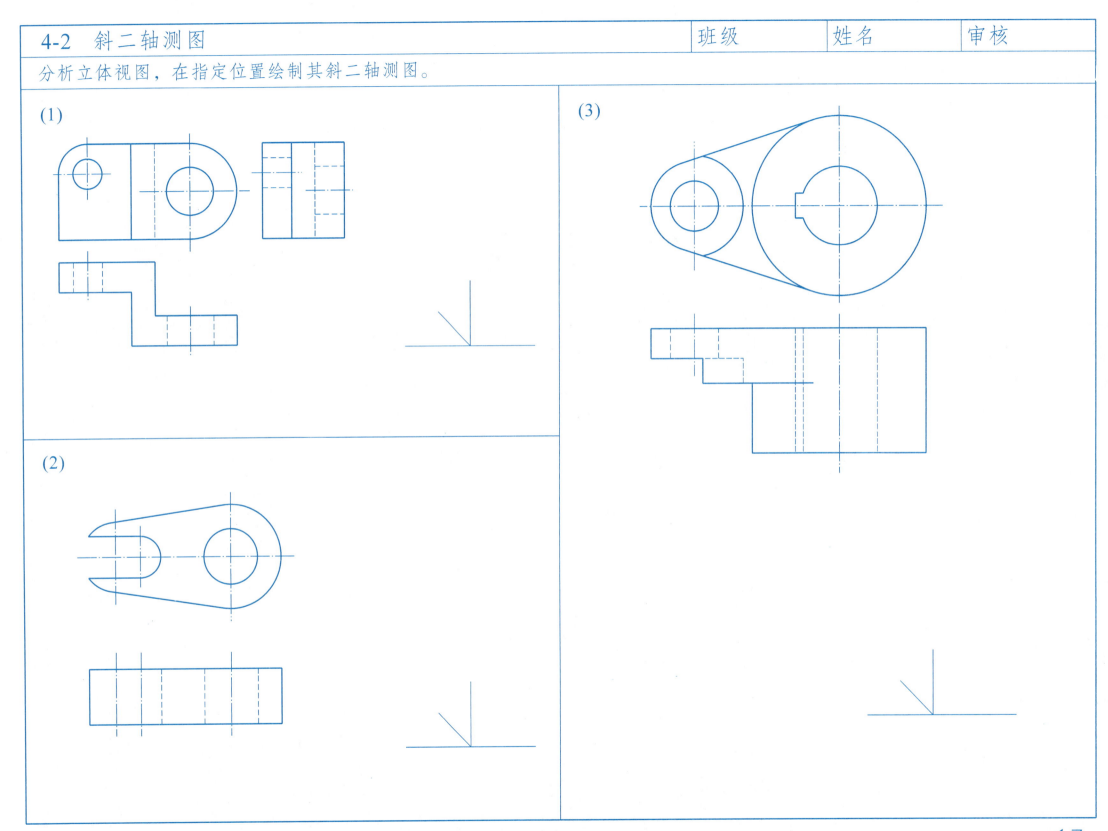

第 5 章 组合体

| 5-1 按指定的分解方式画组合体 | 班级 | 姓名 | 审核 |

1.分析组合体,按指定的分解方式先画各基本组成部分的三视图,再画组合体的俯视图。

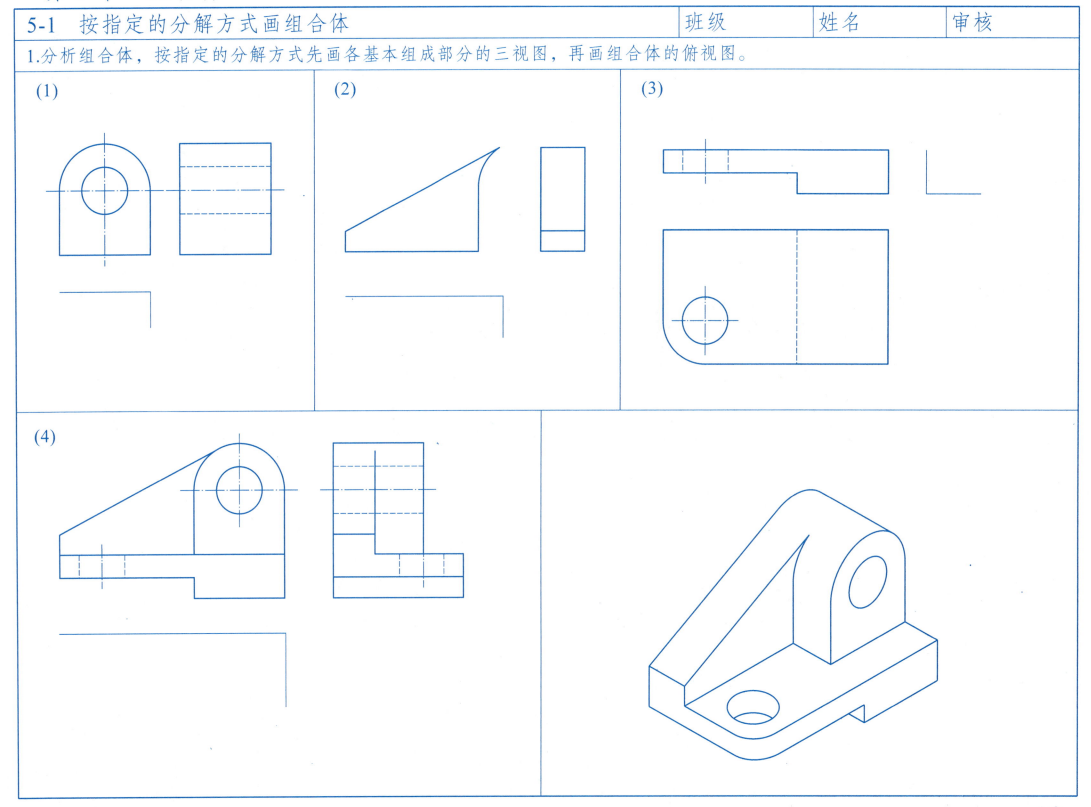

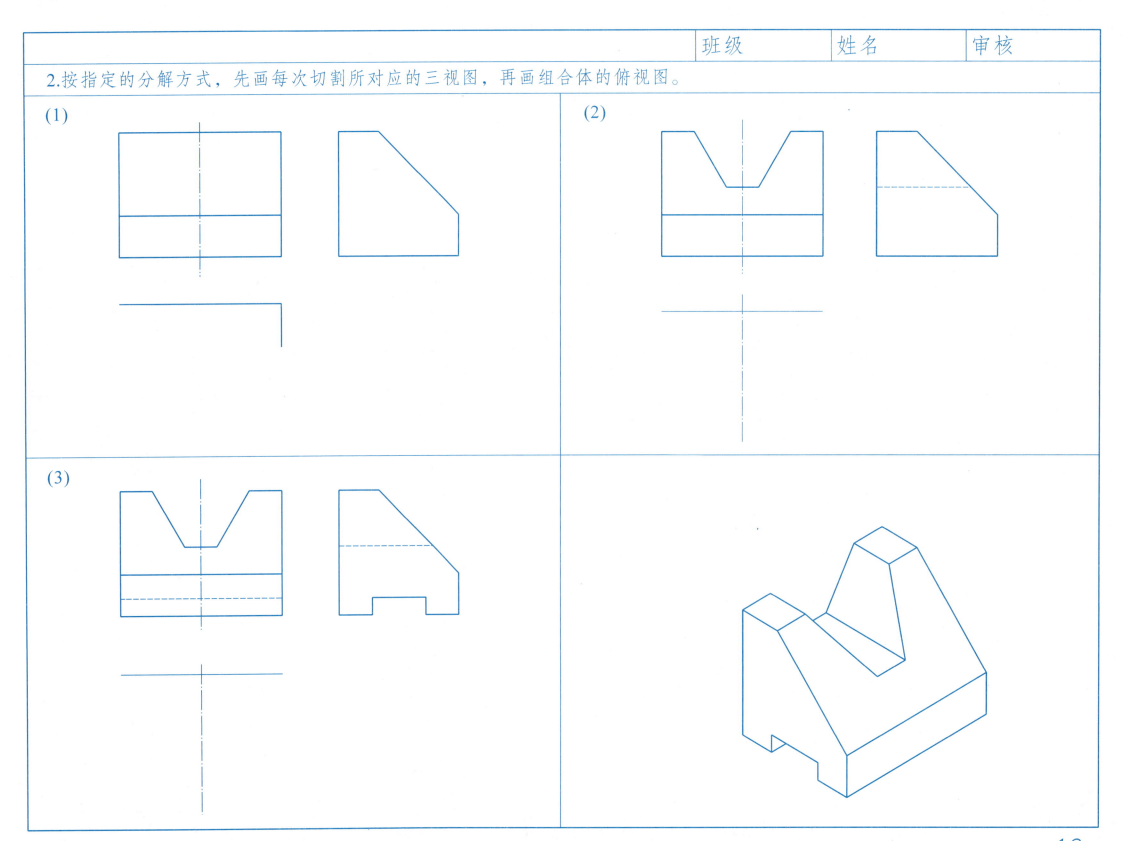

5-2 画组合体三视图

根据组合体的轴测图，画组合体三视图(尺寸从图形中量取并圆整)。

(1)

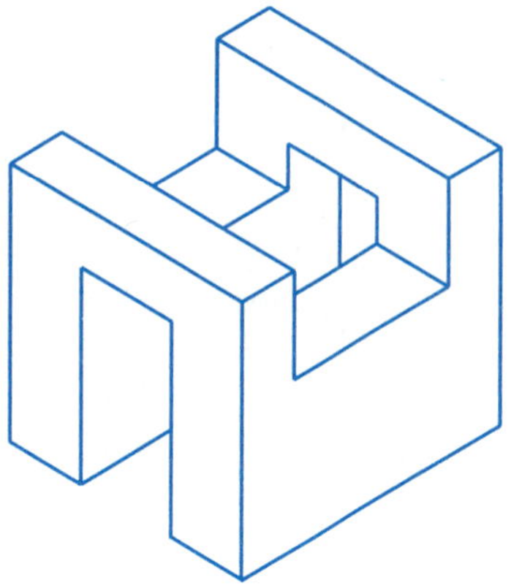

(2)

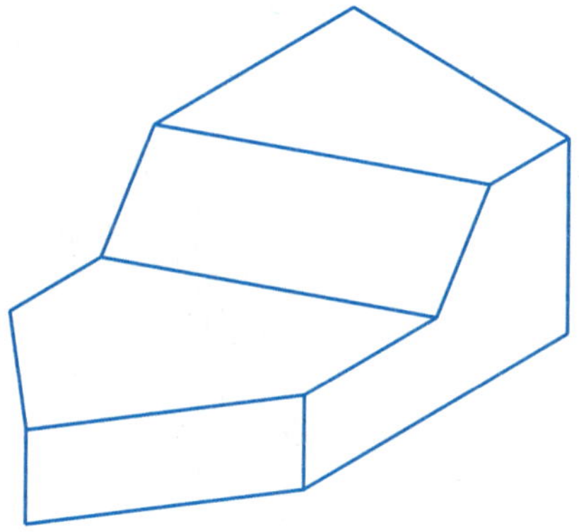

(3)

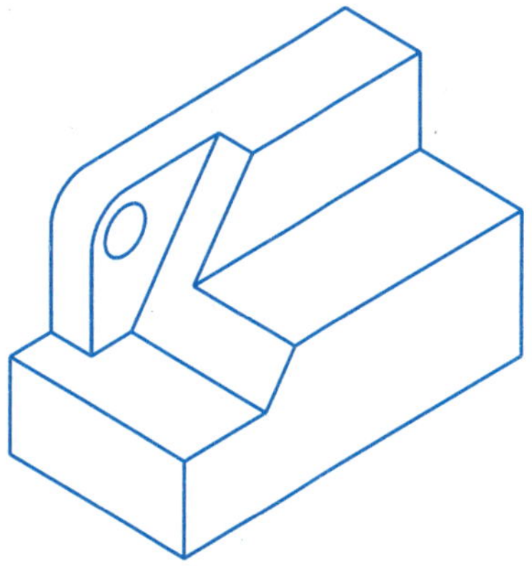

(4)

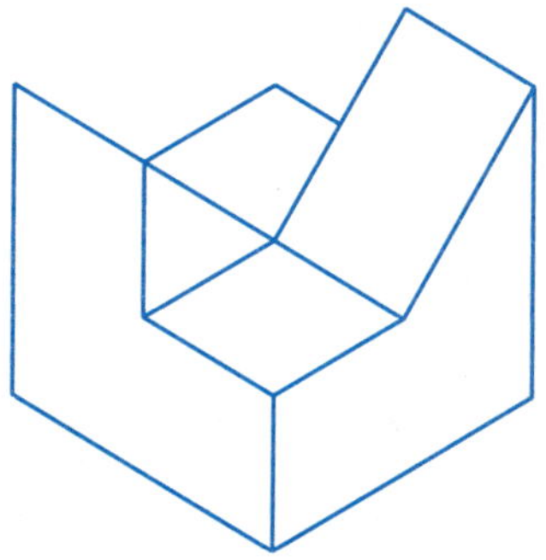

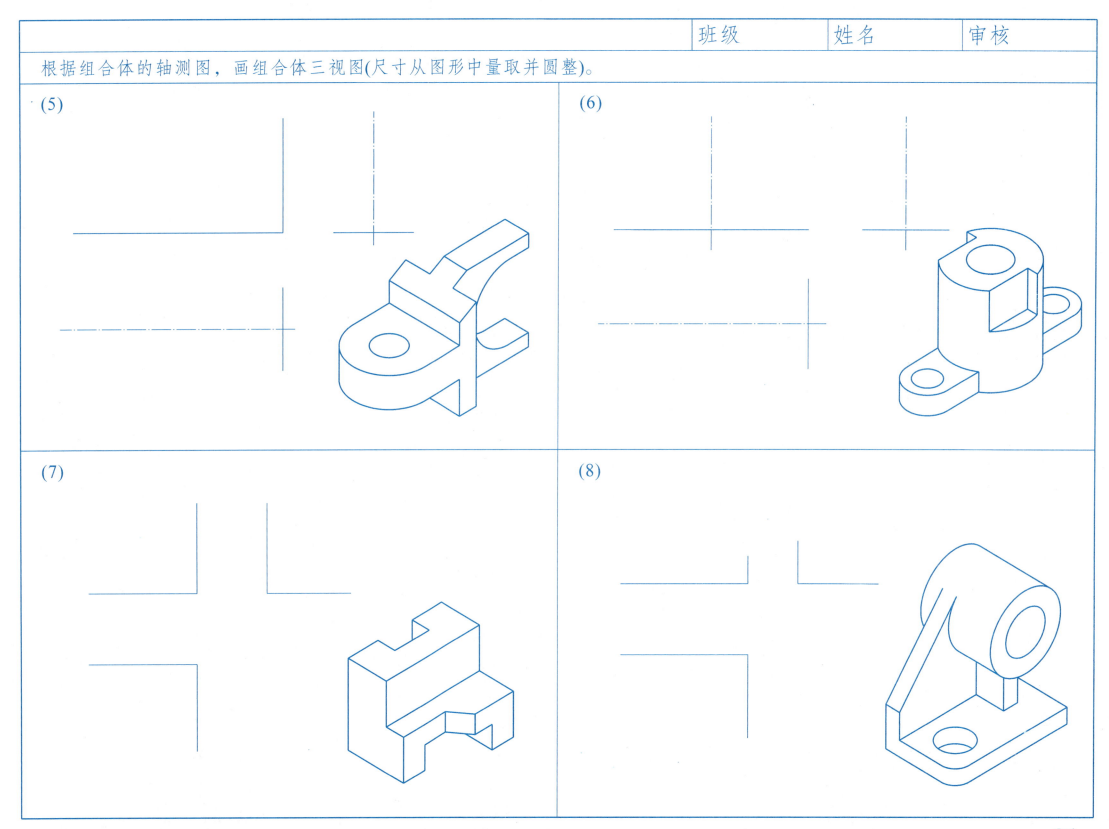

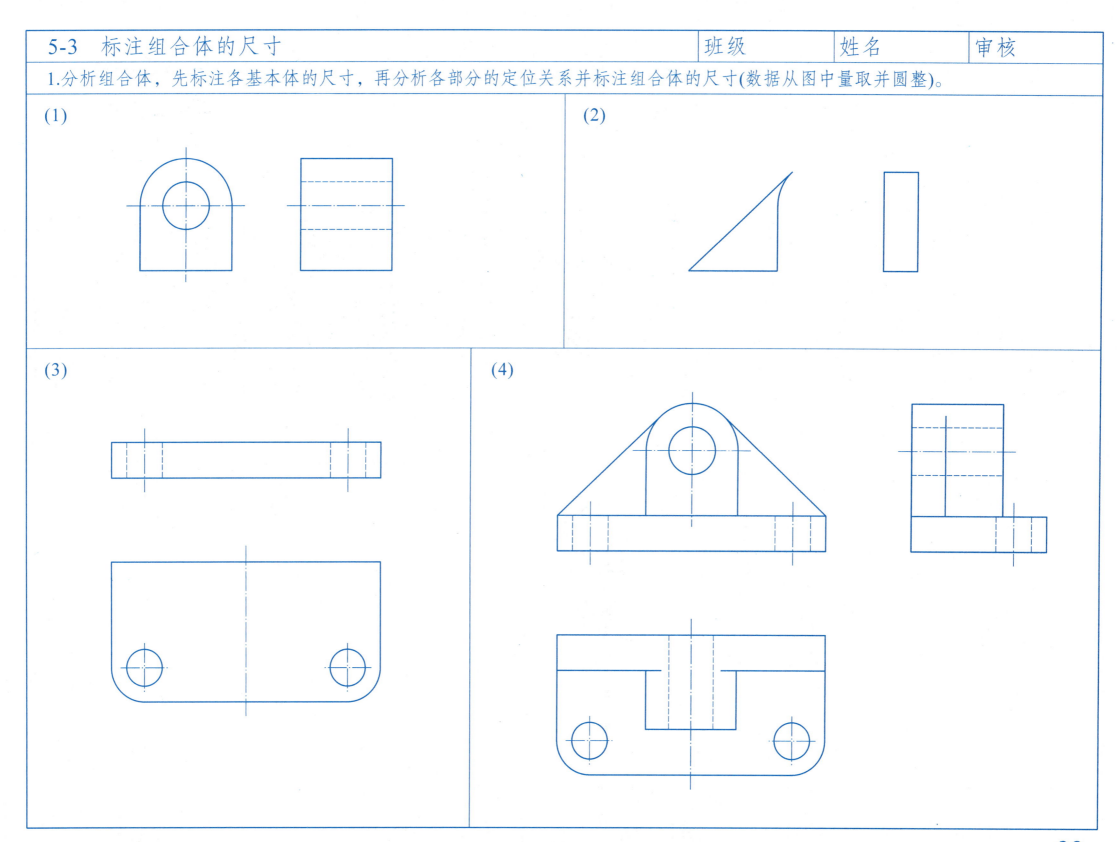

| 班级 | 姓名 | 审核 |

2.分析组合体，标注尺寸(数据从图中量取并圆整)。

(1)漏5个尺寸。

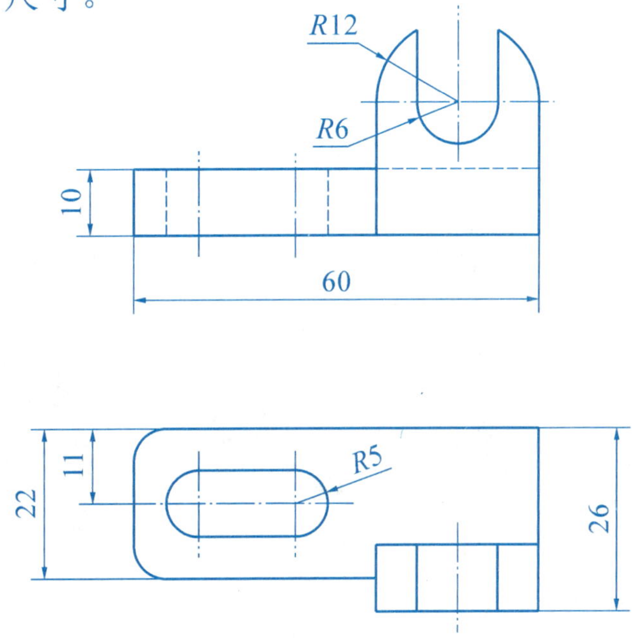

(2)漏6个尺寸。

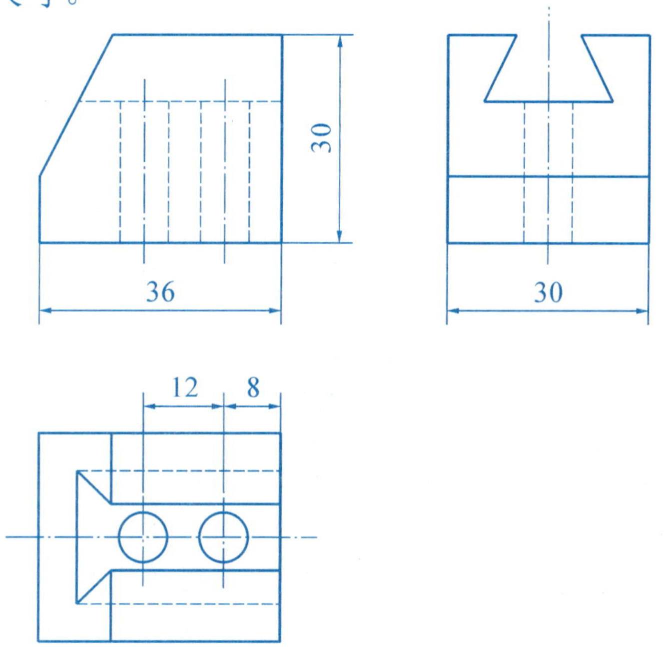

(3)

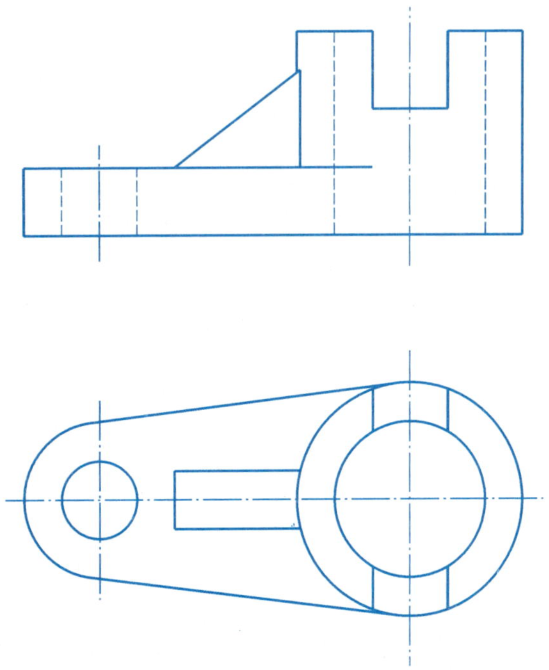

(4)

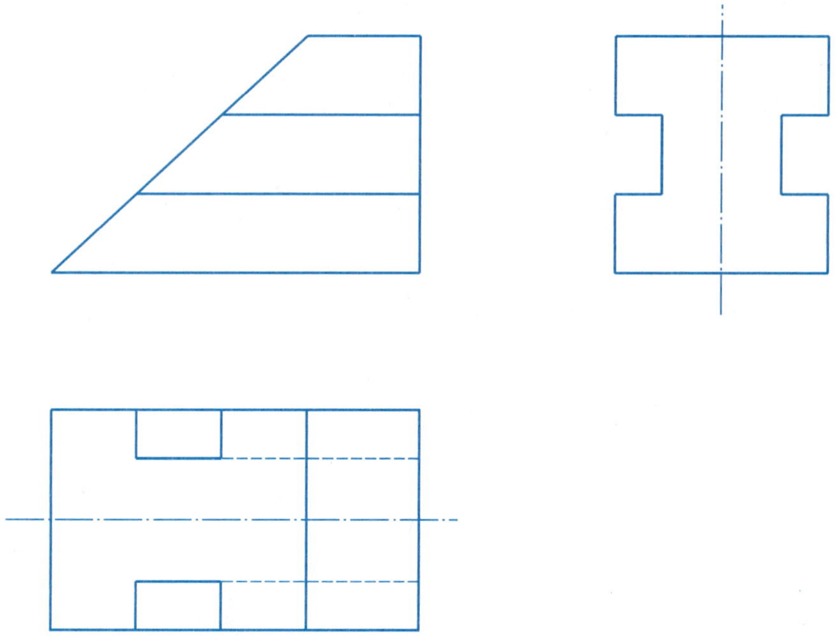

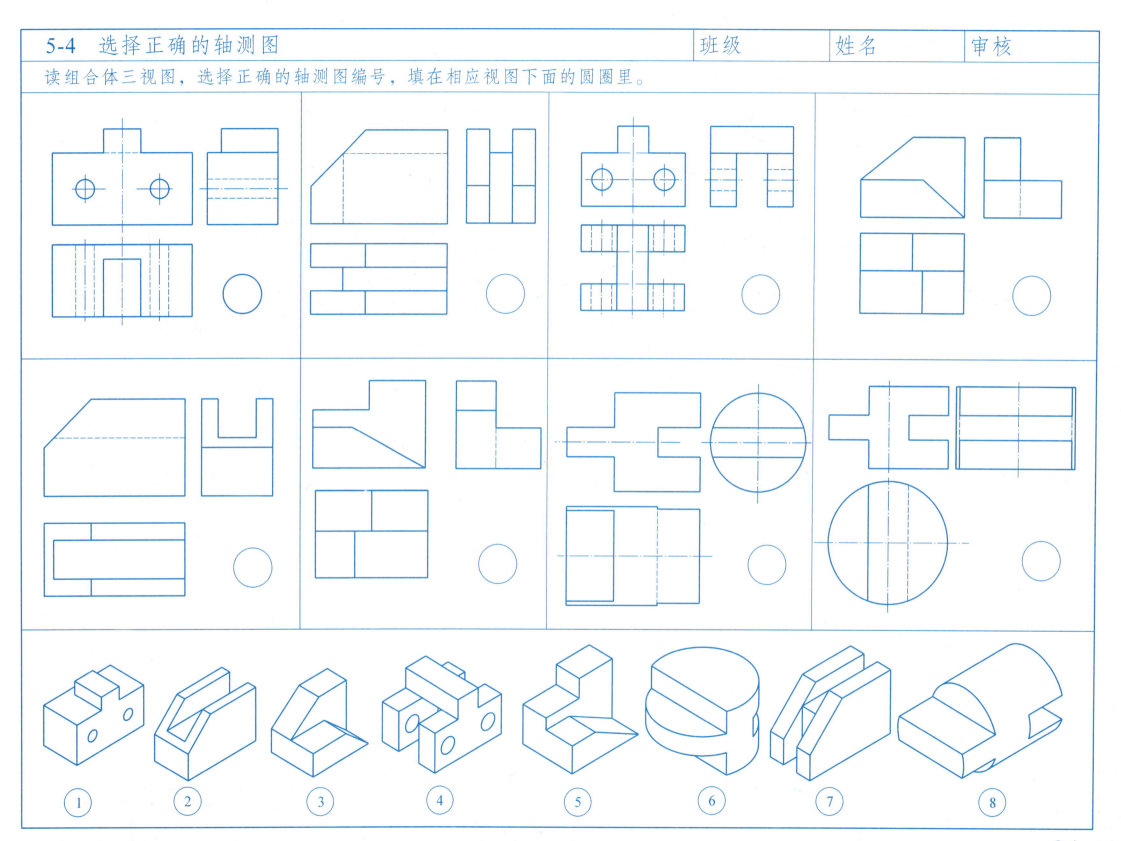

5-5 补画组合体视图中缺漏的图线

1. 分析下列组合体视图，补画视图中缺漏的图线。

(1) (2) 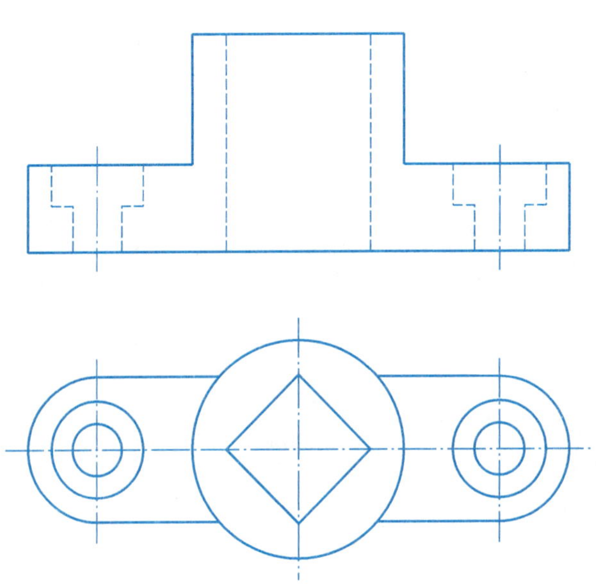 (3)

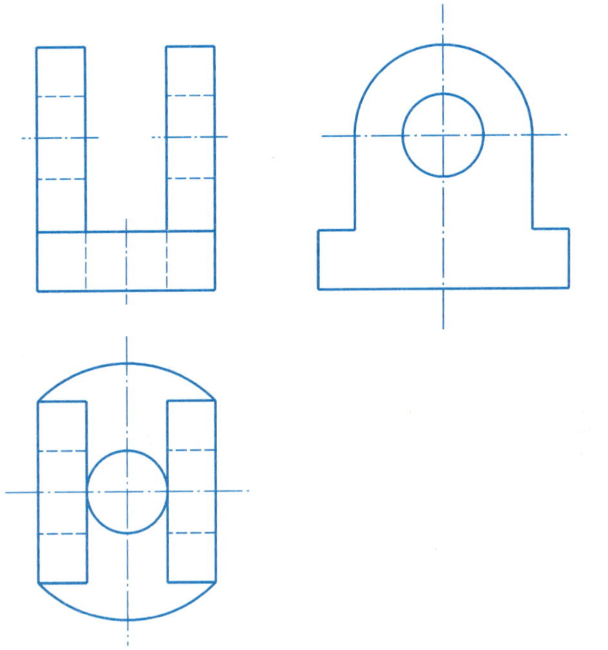

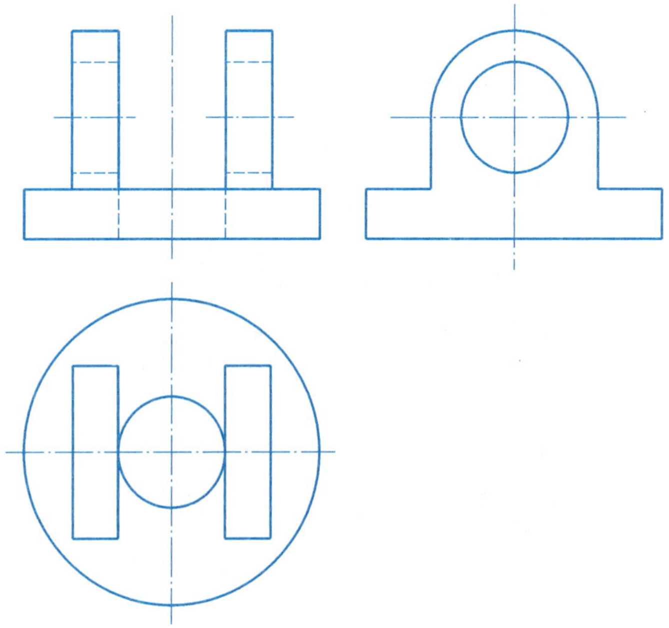

(4) 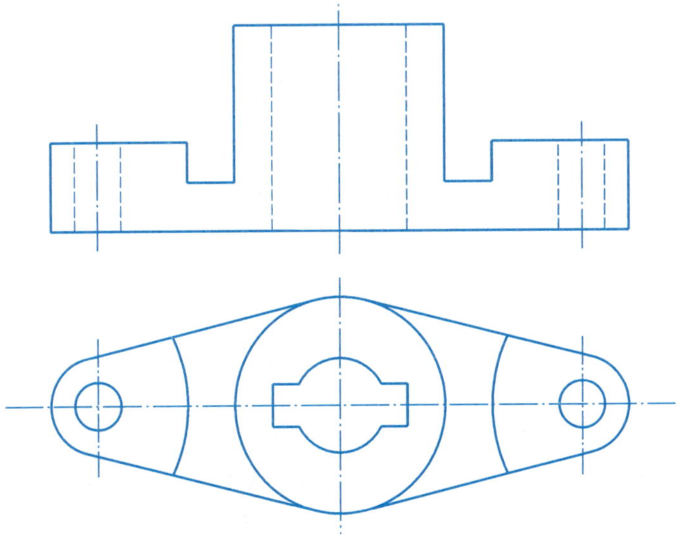 (5) 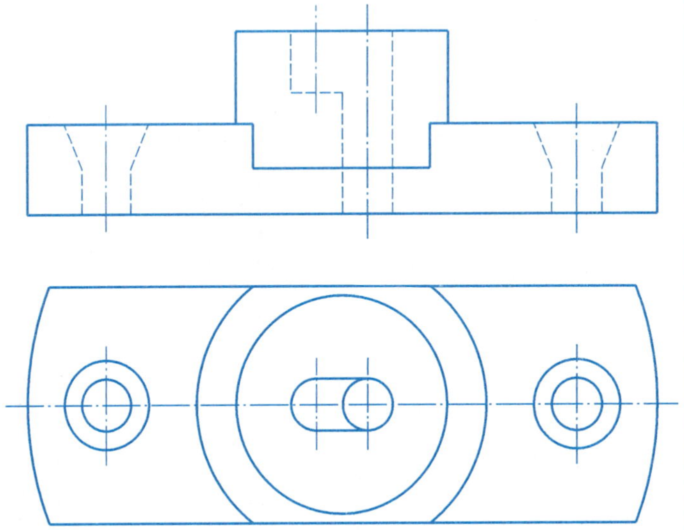 (6)

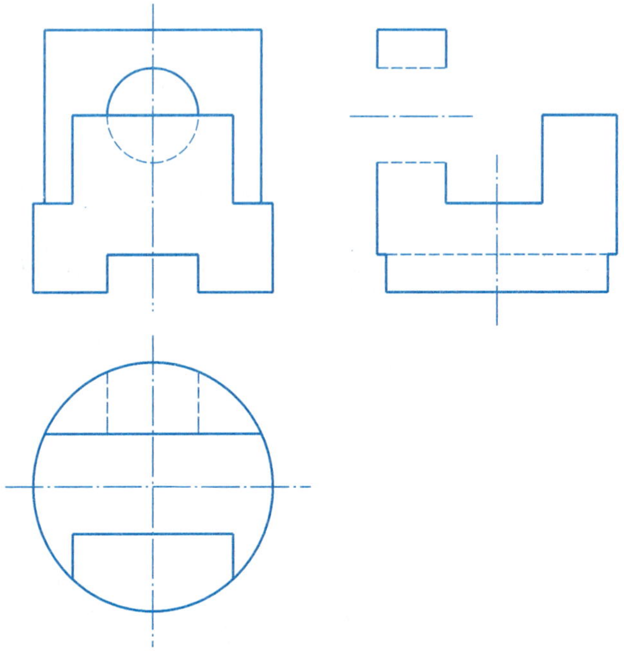

2.分析下列组合体视图,构思组合体形状并补画视图中缺漏的图线。

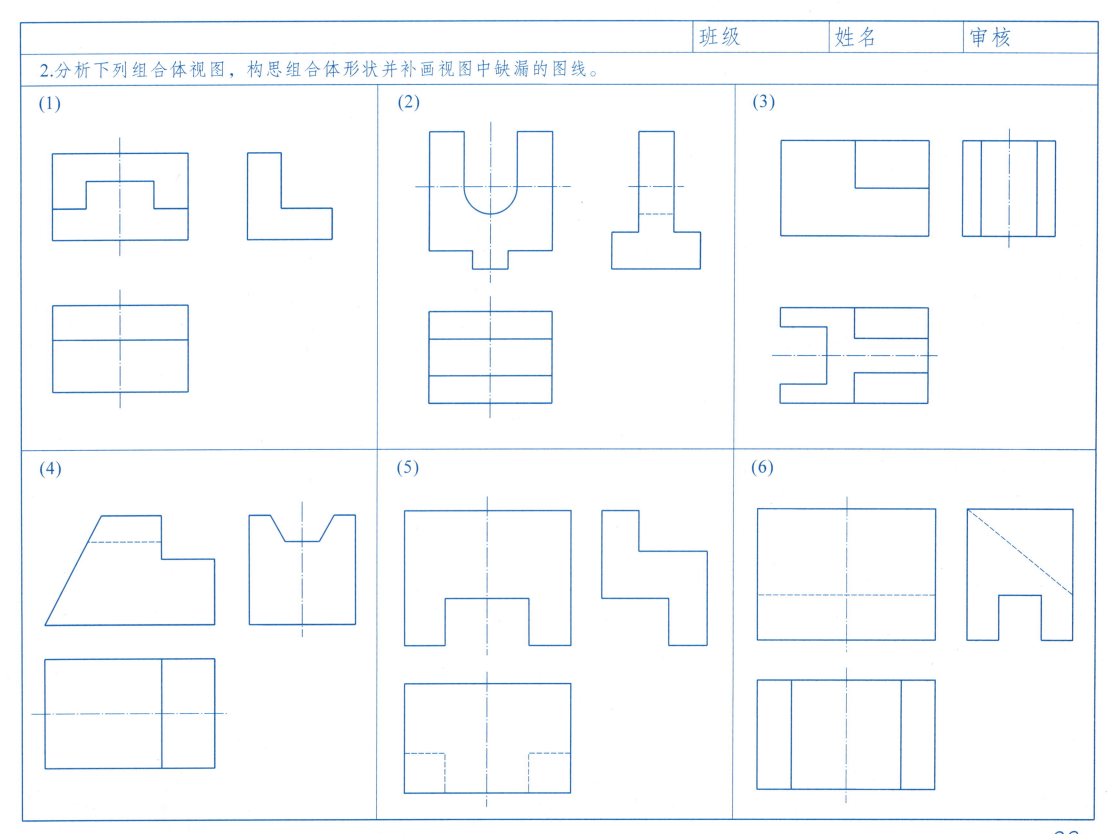

5-6 补全组合体的第三视图 班级　姓名　审核

1.分析组合体两视图，补全第三视图。

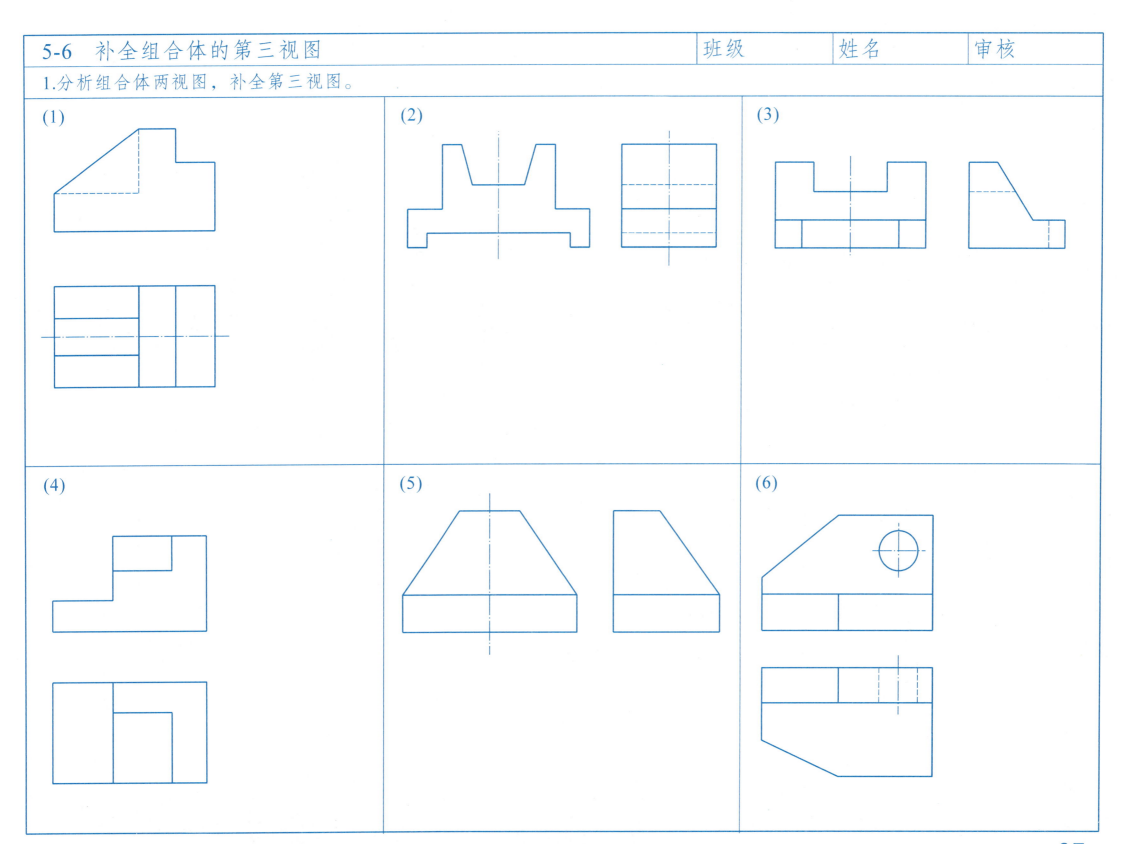

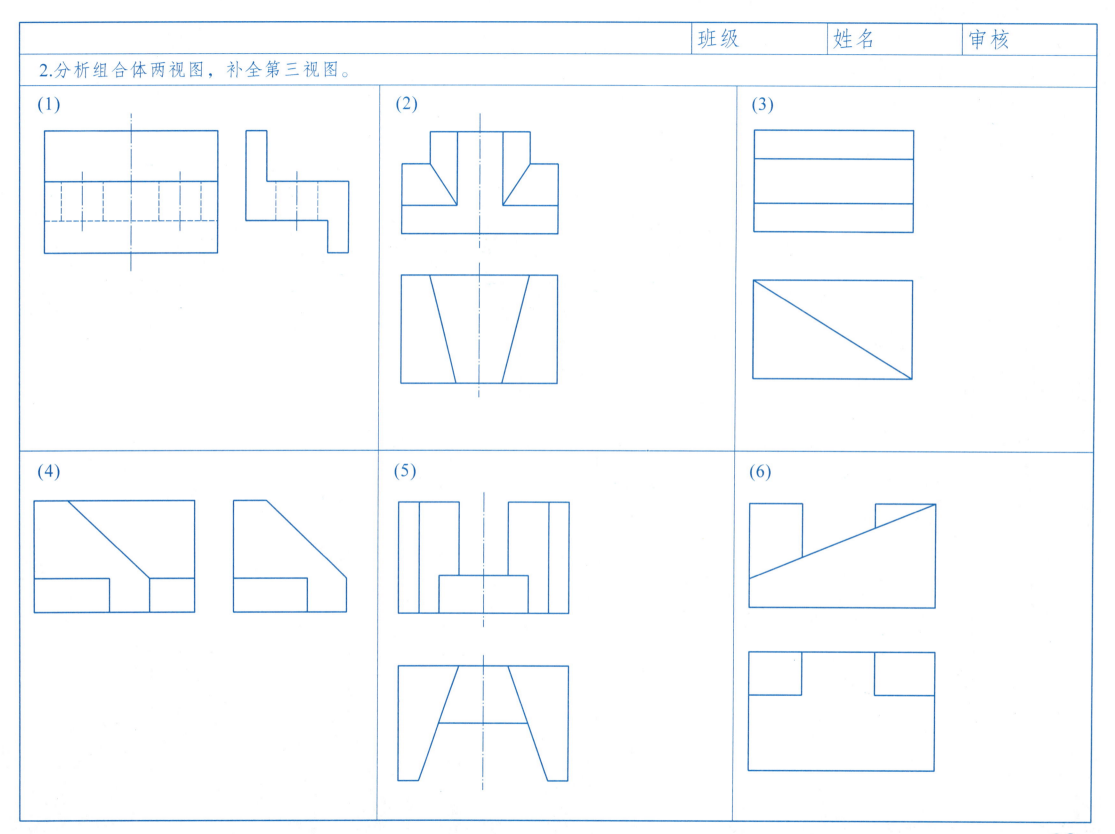

3. 分析组合体两视图，补全第三视图。

(1)

(2)

(3)

(4)

(5)

(6)

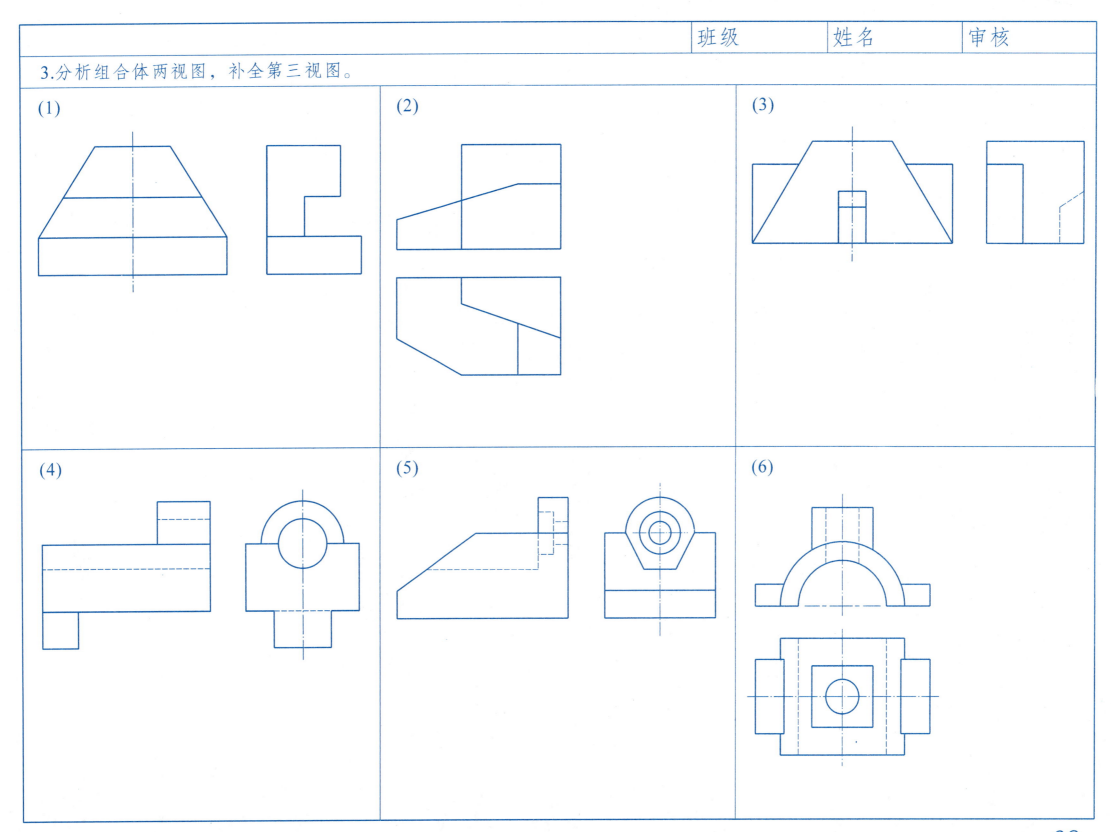

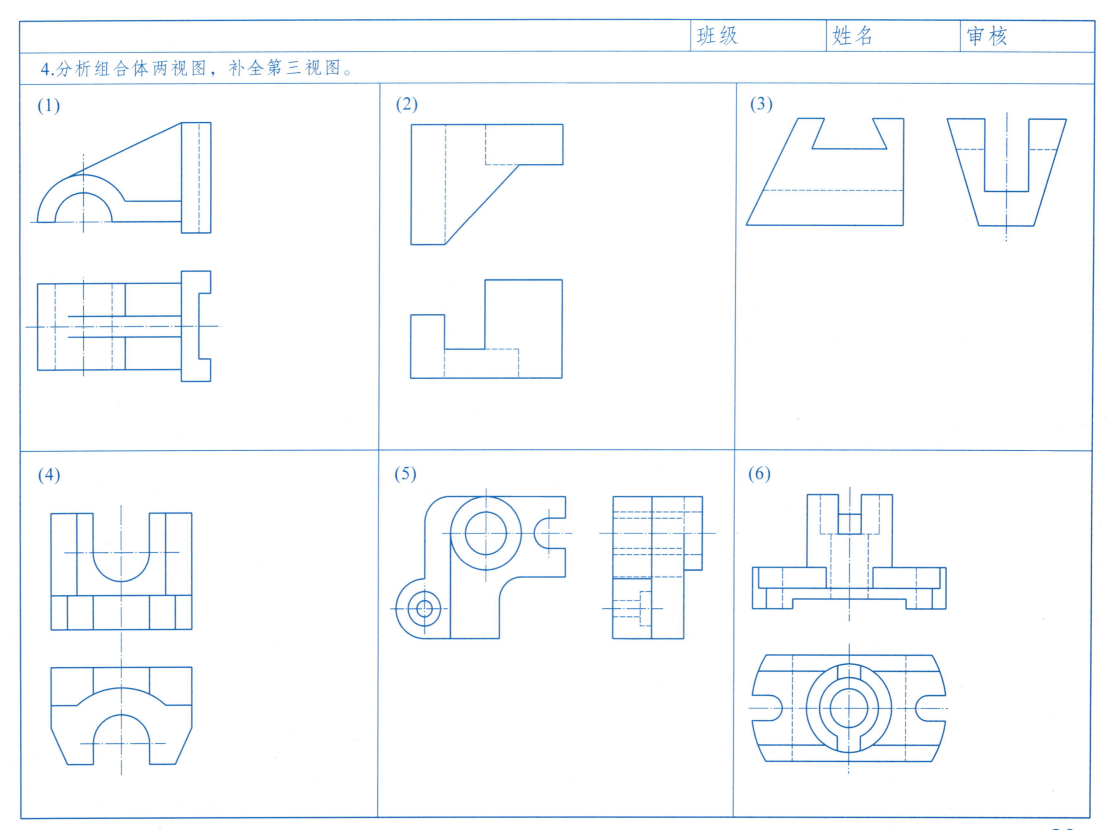

5-7 实训

用A3图纸按1∶1的比例绘制组合体三视图并标注尺寸。

1. 内容

根据实物、模型或组合体立体图，在A3图幅上画2~3个组合体的三视图，并标注尺寸。

2. 目的

(1) 练习组合体三视图的绘图方法和步骤；

(2) 练习组合体的尺寸标注。

3. 要求

(1) 主视图选择合理，视图表达清晰，投影正确；

(2) 尺寸标注正确、完整、清晰。

4. 画法指导

(1) 对组合体进行形体分析，弄清楚各基本组成部分之间的表面关系；

(2) 按自然位置摆放组合体，选择最能反应其形状特征或位置关系的方向为主视图的投射方向；

(3) 画布图基准线；

(4) 用形体分析法逐个画出各基本组成部分的三视图底稿，注意将三个视图对应起来画，最先绘制最能反应形状特征的那一个视图；

(5) 标注尺寸；

(6) 检查，加深线型；

(7) 填写标题栏。

(1)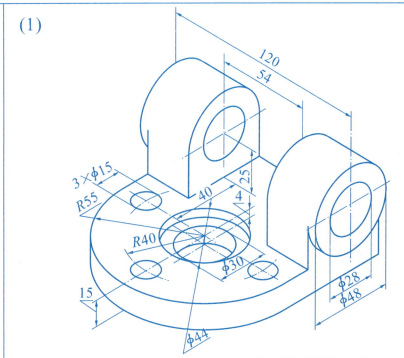

(2)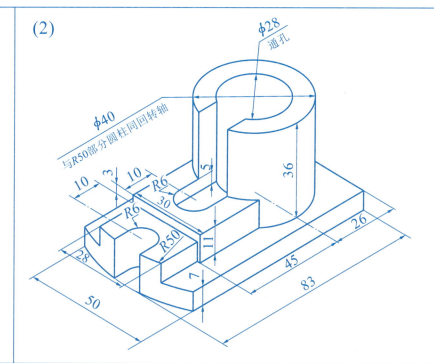

(3)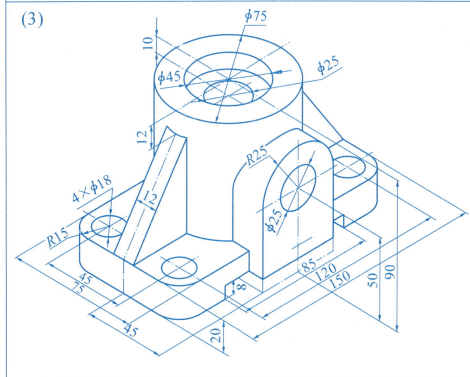

(4)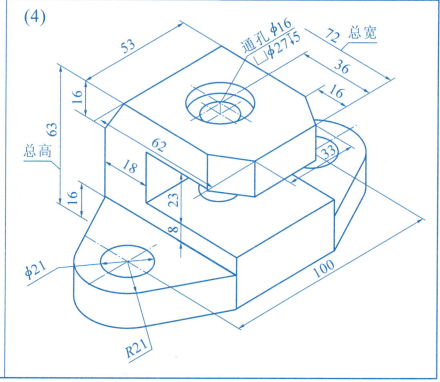

第 6 章 机件的表达方法

6-1 视图

| 班级 | 姓名 | 审核 |

1. 已知机件的主、俯视图，画出其余四个基本视图。

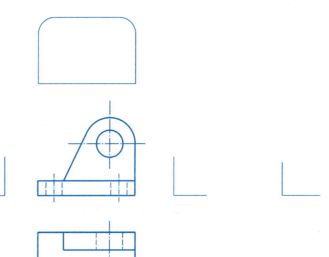

2. 在空白处画出机件的 A、B、C 向视图。

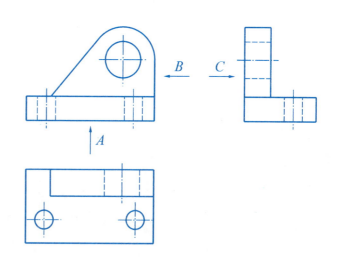

3. 画出机件的局部视图。

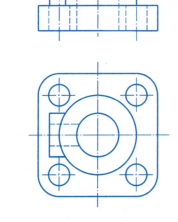
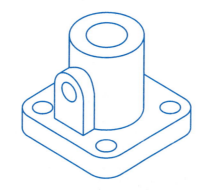

4. 画出机件的斜视图。

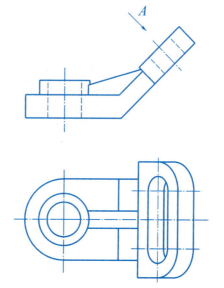

· 32 ·

| 6-2 全剖视图 | 班级 | 姓名 | 审核 |

1.分析结构,补全下列全剖视图中缺少的图线。

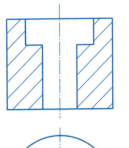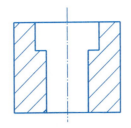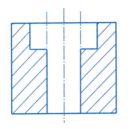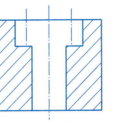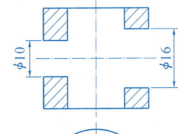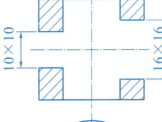

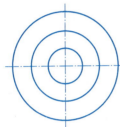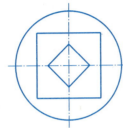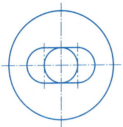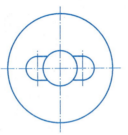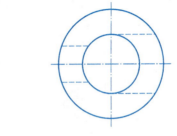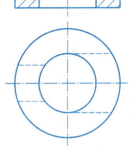

2.分析机件的形状,然后补全剖视图中缺少的图线,包括剖面线。

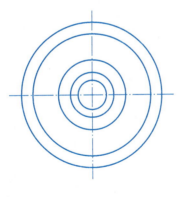

3.将主视图全剖,并补全剖视图中缺少的图线,包括剖面线。

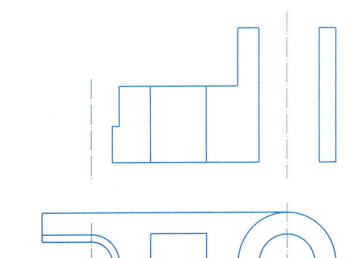

| | 班级 | 姓名 | 审核 |

4.在指定位置，画出机件的全剖主视图。

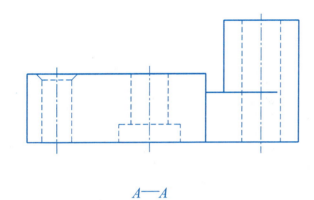

A—A

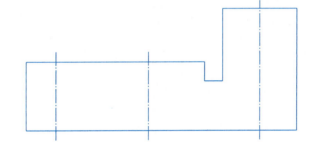

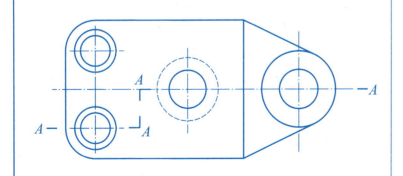

5.在指定位置，画出A—A斜剖剖视图。

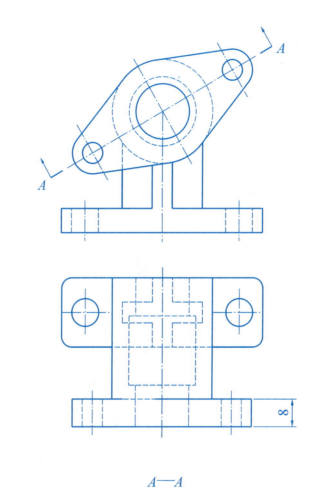

A—A

6.在指定位置，用恰当的剖切平面将主视图表达成全剖视图。

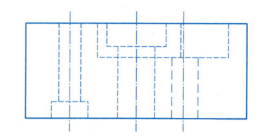

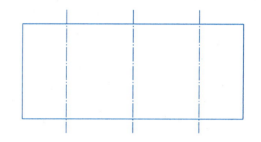

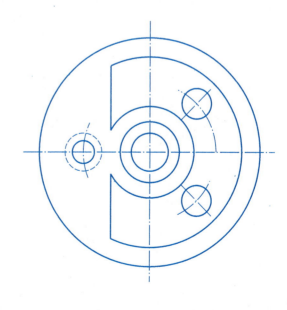

·34·

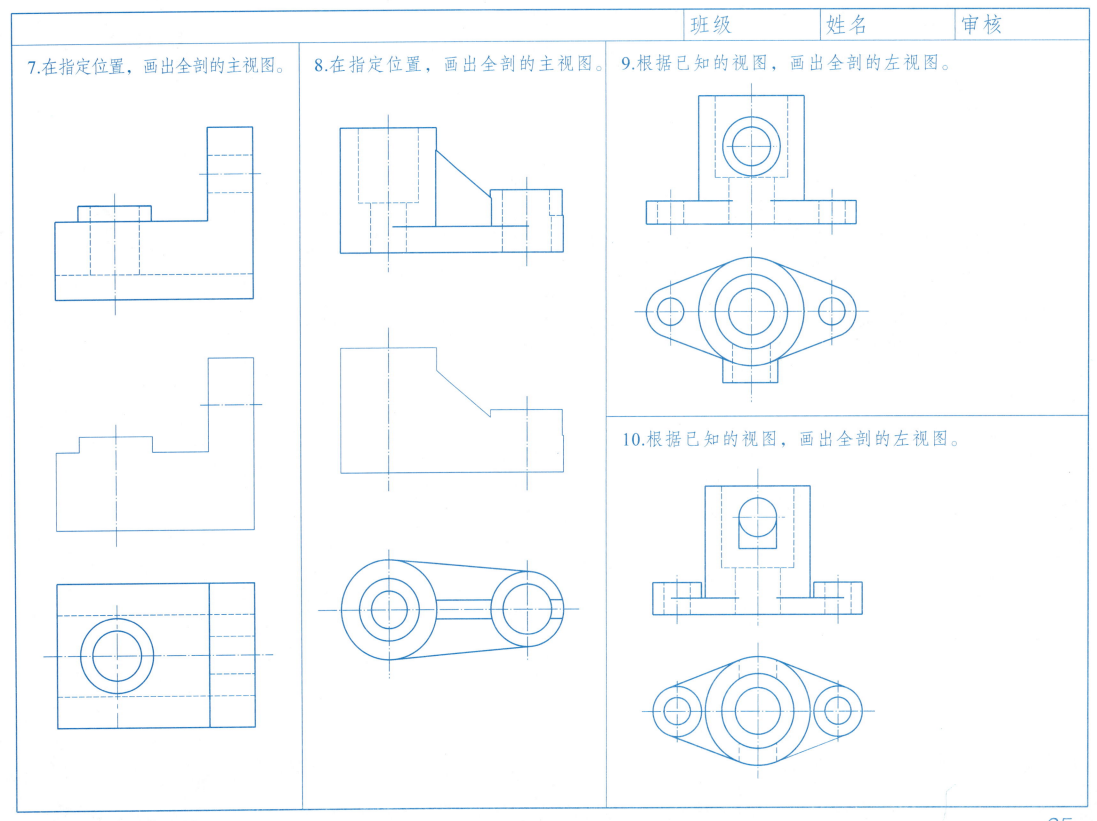

| 6-3 半剖视图 | 班级 | 姓名 | 审核 |

1. 根据已知的视图，画出半剖的左视图。

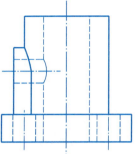

3. 在指定位置画出半剖的主视图。

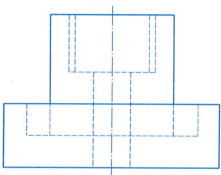

4. 在指定位置画出半剖的主视图。

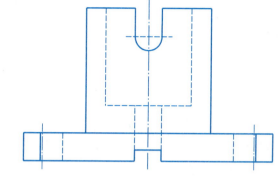

2. 根据已知的视图，画出半剖的左视图。

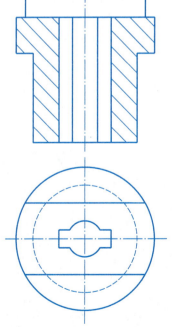

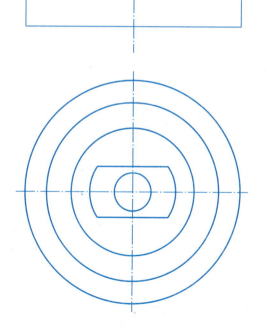

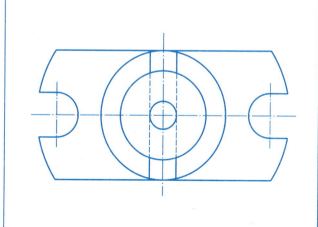

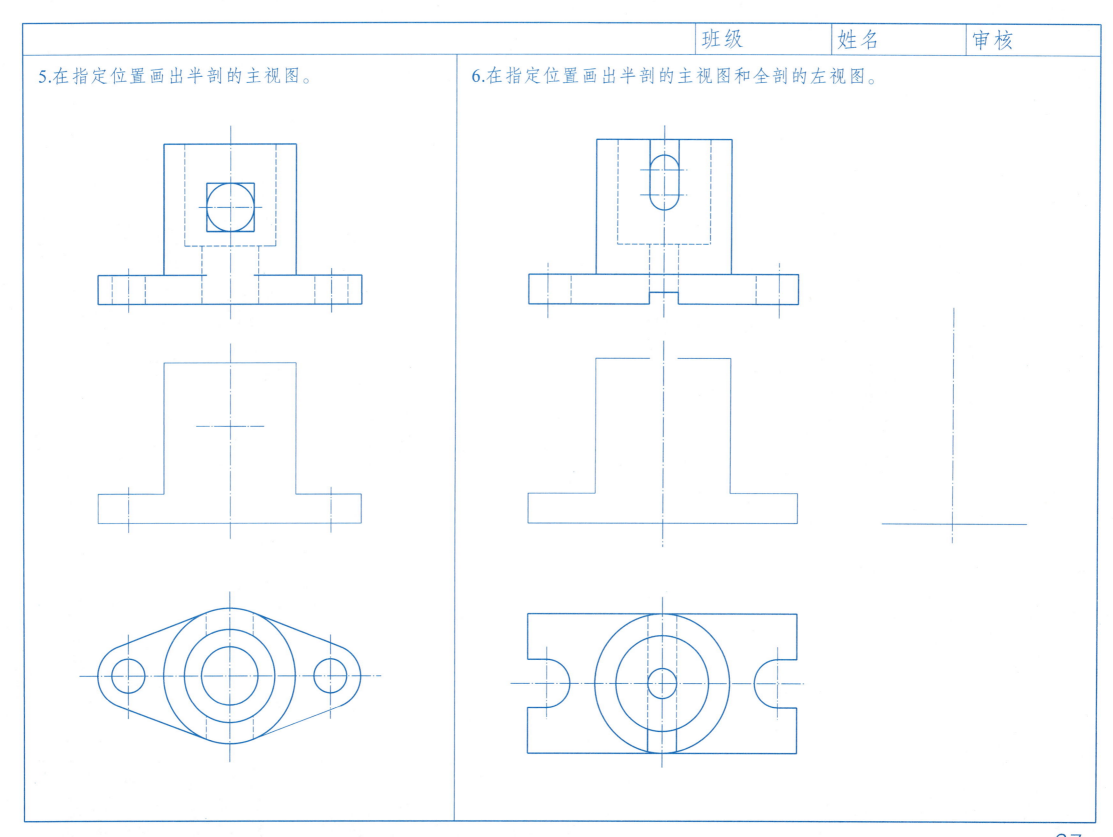

6-4 局部剖视图　　　　班级　　　姓名　　　审核

1. 将主视图画成局部剖视图。

2. 已知机件的视图如左图所示，选出右边局部剖视图中表达正确的视图。（　）

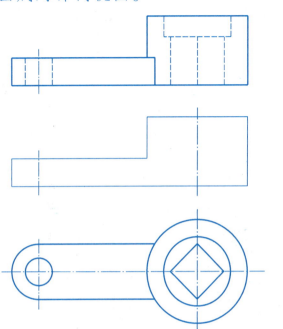
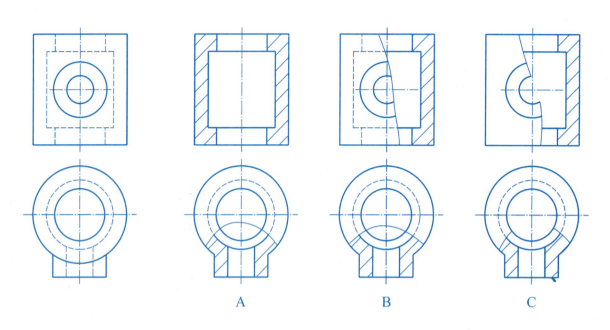

A　　B　　C

3. 在指定位置，将机件的主、俯视图表达成局部剖视图。

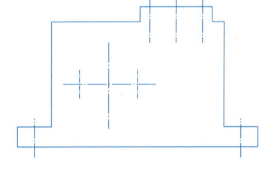
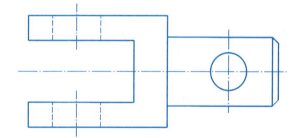
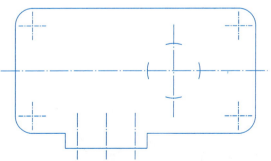
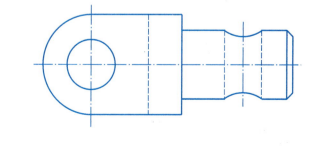

4. 在原图上将机件的主、俯视图表达成局部剖视图。

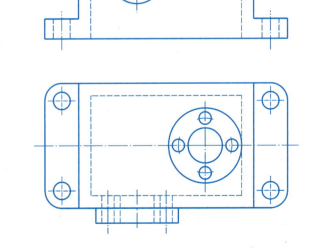

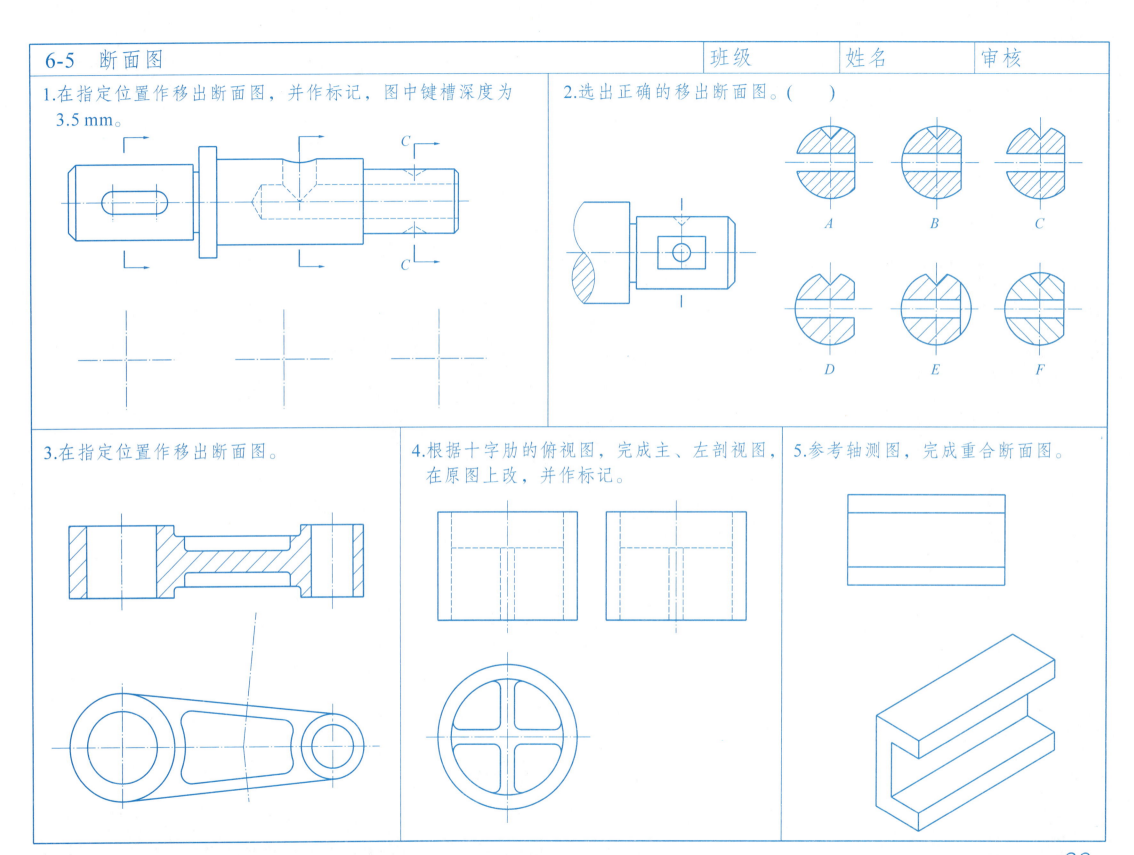

| 6-6 表达方法综合练习 | 班级 | 姓名 | 审核 |

分析机件的结构，选用适当的表达方法，在A3图纸上作图，并标注尺寸，比例自定(尺寸从图中量取并圆整)。

(1)

(2)

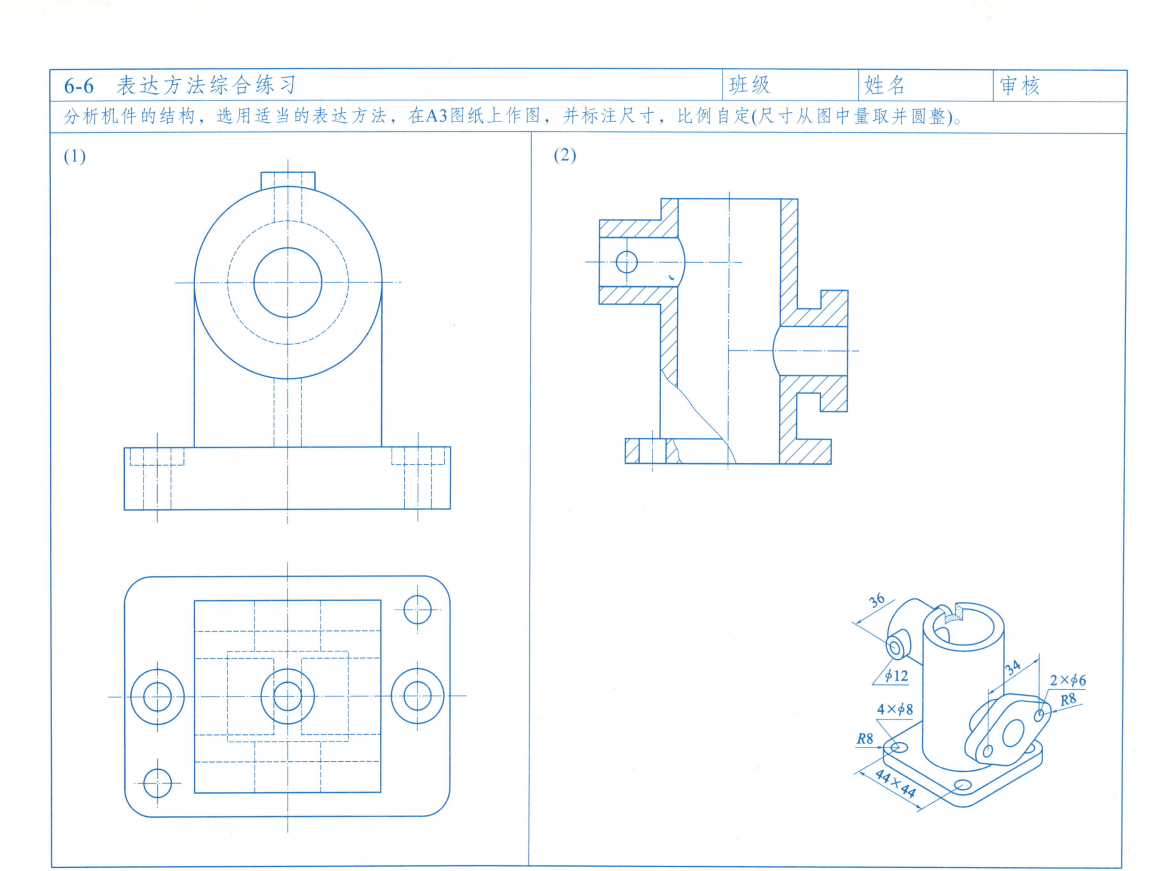

第 7 章 标准件和常用件

7-1 螺纹的规定画法和标注

| 班级 | 姓名 | 审核 |

1. 按照螺纹的规定画法，在指定位置绘制螺纹的主、左视图。

(1) 外螺纹，普通粗牙螺纹M20，螺纹长20 mm，螺杆长30 mm，螺纹倒角C2。

(2) 内螺纹，普通粗牙螺纹M20，螺孔深度20 mm，钻孔深度25 mm，螺纹倒角C2。

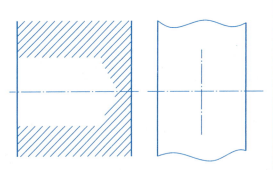

2. 根据内外螺纹的规定画法，完成其旋合后的主视图和左视图，旋合长度为20 mm。

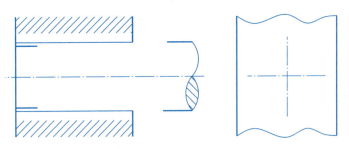

3. 分析下列螺纹画法中的错误，在指定位置画出正确图形。

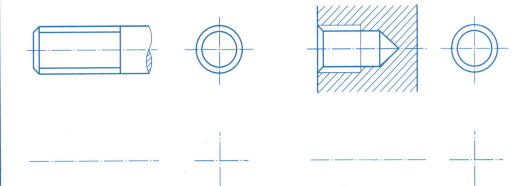

4. 根据下列给定的要素，在图上标注螺纹的标记或代号。

(1) 普通细牙螺纹，公称直径为20 mm，螺距为1.5 mm，单线，右旋，中径公差带为5g，顶径公差带为6g，短旋合长度。

(2) 普通螺纹，公称直径为16 mm，螺距为1.5 mm，单线，左旋，中径、顶径公差带均为6H。

(3) 55°非螺纹密封的管螺纹，尺寸代号3/4，公差等级为A级，右旋。

(4) 梯形螺纹，公称直径为16 mm，导程为8 mm，双线，左旋，中径公差带为6g，长旋合长度。

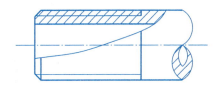
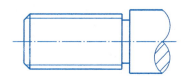

5. 根据标注的螺纹标记，查表并说明螺纹的各要素。

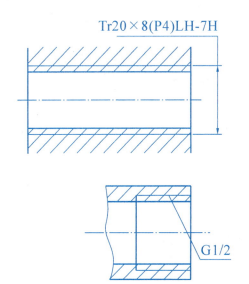

Tr20×8(P4)LH-7H

该螺纹为_____螺纹；
公称直径为_____mm；
螺距为_____mm；
线数为_____；
旋向为_____；
螺纹公差带为_____。

G1/2

该螺纹为_____螺纹；
尺寸代号为_____；
大径为_____mm；
小径为_____mm；
螺距为_____mm。

| 7-2 螺纹紧固件的规定画法和标注 | 班级 | 姓名 | 审核 |

1.查表标准下列螺纹紧固件的尺寸。
　(1)六角螺栓，A级，GB/T 5782　M16×80。

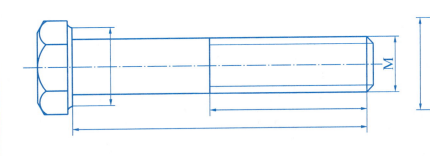

(2)开槽沉头螺钉，GB/T 68　M10×50。

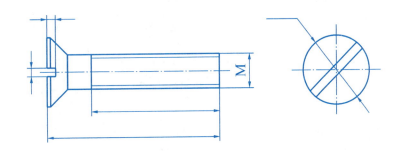

2.根据所注规格尺寸，查表写出下列紧固件的规定标记。
　(1)A级的1型六角螺母。　　　(2)A级的平垫圈。

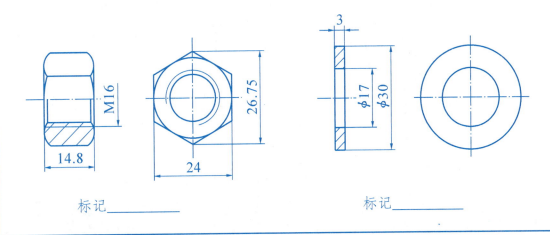

标记_____　　　　　　　　标记_____

3.补全螺纹紧固件的连接图。
　(1)螺栓连接。　　　　　　　　(2)螺柱连接。

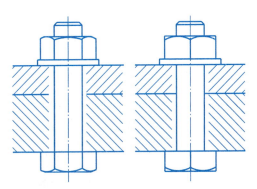
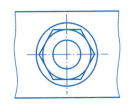

(3)螺钉连接。

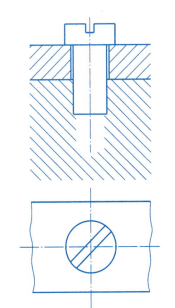
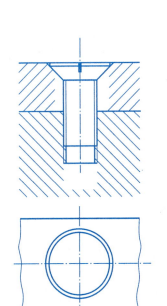

· 42 ·

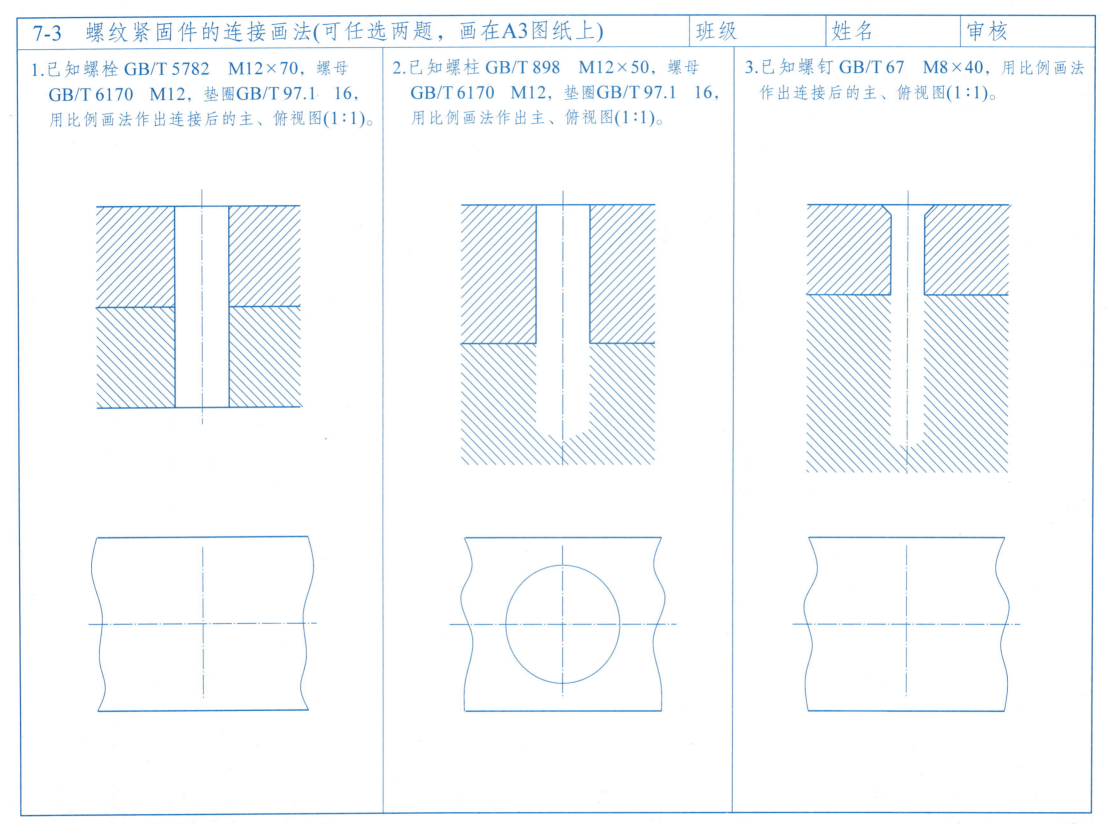

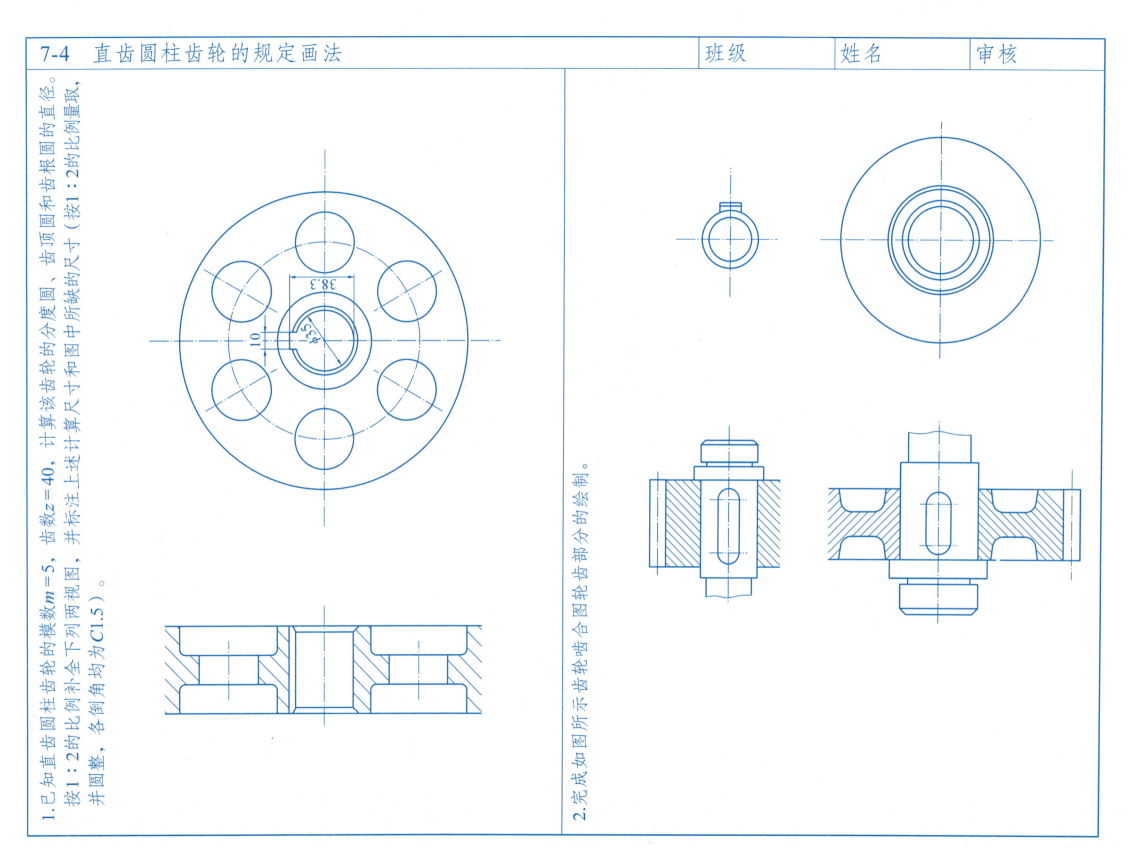

7-5 键、销和滚动轴承的画法

| 班级 | 姓名 | 审核 |

1. 已知用1∶2的比例画出的齿轮和轴，用A型圆头普通平键连接，按比例量出轴径和键长，查表确定键和键槽的尺寸，写出键的规定标记；分别补全下列图形，并标注出(1)和(2)图中轴径、孔径和键槽的尺寸，不标注键槽的公差。

键的规定标记：_____

(1) 轴。　　　(2) 齿轮。

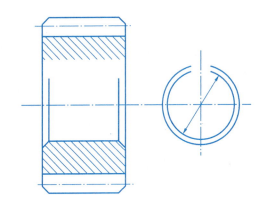

(3) 齿轮和轴连接。

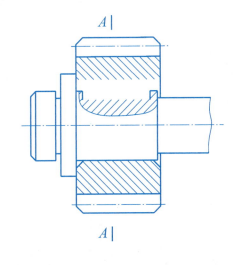
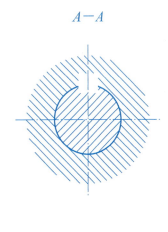

2. 完成圆柱销的连接图。

圆柱销的标记为：销GB/T 119.2 10×50

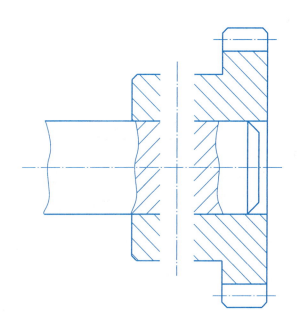

3. 已知用1∶1的比例画出的阶梯轴在直径为25 mm和15 mm的轴肩处，各有一个已注明标记的滚动轴承支承，写出这两个轴承的类型，并用规定画法画全支承处的轴承。

这两个轴承的类型是：_____

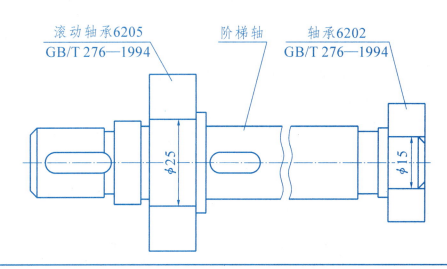

· 45 ·

第8章 零件图

8-1 零件表达方案与尺寸标注

1. 参照立体示意图和已确定的主视图，该零件的形状前后对称，确定表达方案(比例1∶1)，并标注尺寸(尺寸从图中量取并圆整；主视图中未能显示的尺寸从立体示意图中读取)。

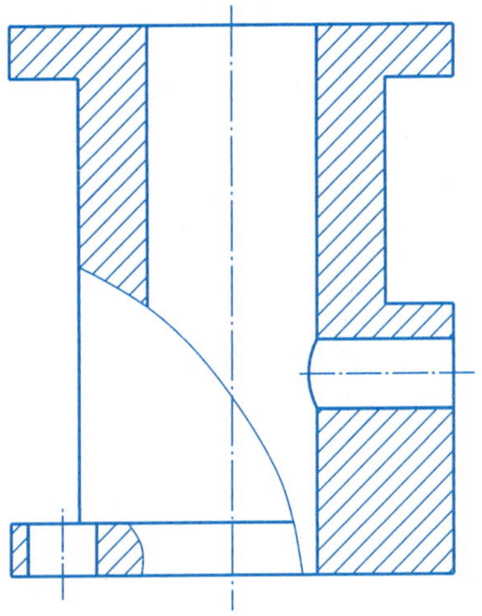

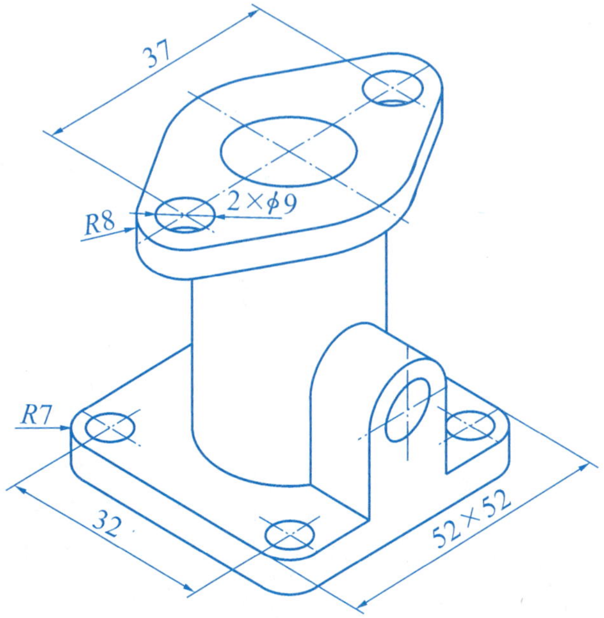

2. 读懂该轴的零件图，补画轴上键槽位置的断面图(槽深4 mm)，标注尺寸，并回答问题。

   (1) 该零件的材料是_____。

   (2) 在 $\phi26k6$ 中，$\phi26$ 是_____，k6是_____，查表确定其极限偏差为_____。

   (3) 零件图上各表面粗糙度的最高要求是_____，最低要求是_____。

   (4) 未注倒角C2的含义是_____，尺寸2×1的含义是_____。

   (5) $\phi22$ 表面 $\sqrt{Ra3.2}$ 表示_____，代号Ra的上限值是_____。

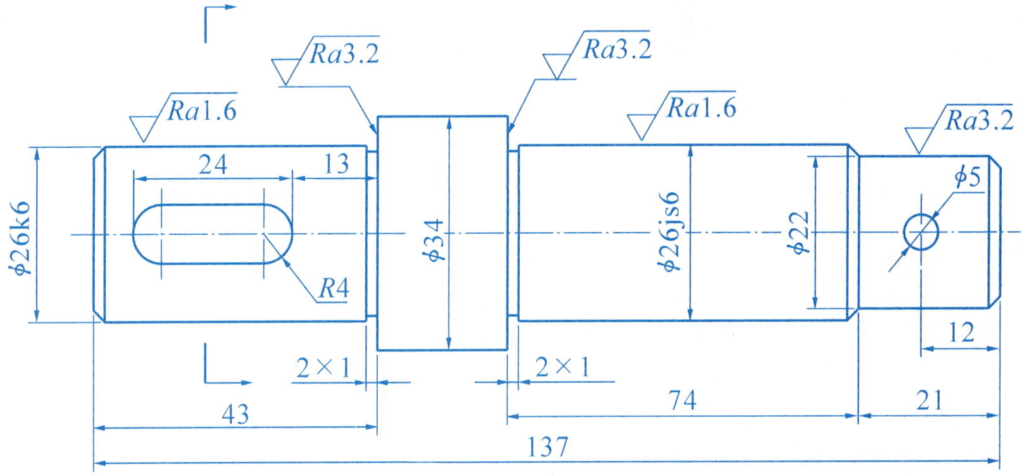

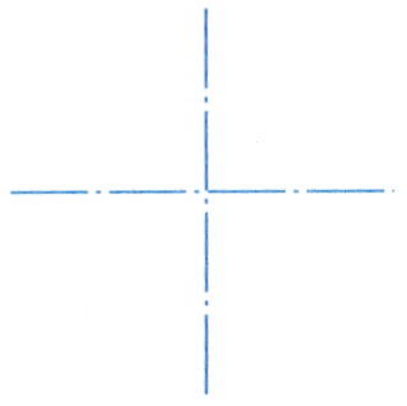

技术要求
1. 未注倒角C2；
2. 调质处理25～30 HRC。

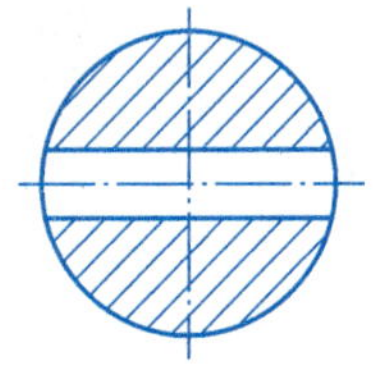

轴	比例	材料	数量	(图号)
	1∶1	45钢	1	
制图			(学校、班级)	
审核				

| 8-2 表面粗糙度、极限与配合 | 班级 | 姓名 | 审核 |

1. 根据图中给出的表面粗糙度代号，试说明这些代号的含义。

2. 标注轴和孔的公称尺寸及上、下极限偏差，并填空。

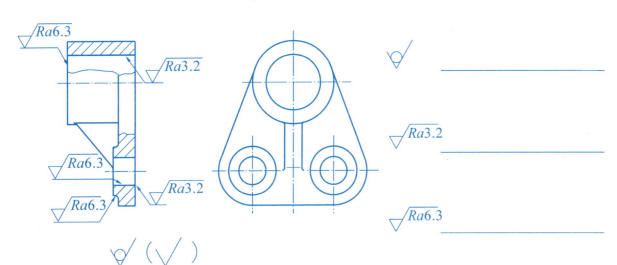

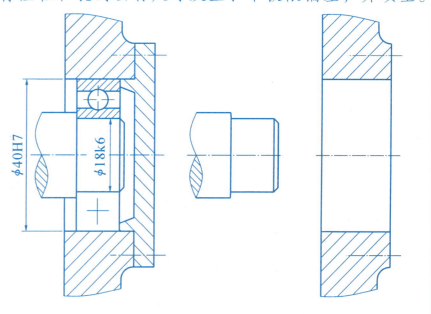

3. 解释配合代号的含义，查表得上、下极限偏差值后标注在零件图上，然后填空。

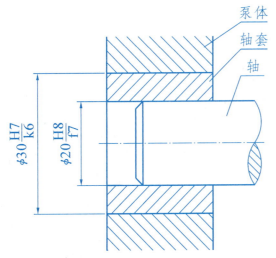

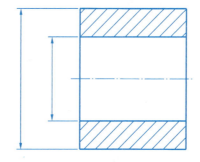

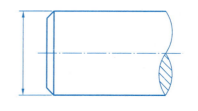

滚动轴承与座孔的配合为____制，座孔基本偏差代号为____，公差等级为____级。

滚动轴承与轴的配合为____制，轴的基本偏差代号为____，公差等级为____级。

(1) 轴套与泵体配合。
公称尺寸_____，基____制。
公差等级：轴/IT____级，孔/IT____级，____配合。
轴套：上极限偏差____，下极限偏差____。
泵体孔：上极限偏差____，下极限偏差____。

(2) 轴套与轴配合。
公称尺寸_____，基____制。
公差等级：轴/IT____级，孔/IT____级，____配合。
轴套：上极限偏差____，下极限偏差____。
轴：上极限偏差____，下极限偏差____。

·47·

8-3 读零件图（一）

读懂拨叉零件图，并回答问题。
(1) 零件使用的材料是_____。
(2) 指出经过机加工的面。
(3) 主视图和左视图各采用了什么表达方法？
(4) 用字母D、E、F和指引线标明长、宽、高三个方向上的主要尺寸基准。
(5) 试说明图中标注的"M10×1-6H"的含义。其中"M"、"10"、"1"、"6H"各表示什么？
(6) 写出"φ19H9"孔的表面粗糙度代号。
(7) 在指定位置绘制出"C—C"断面图。

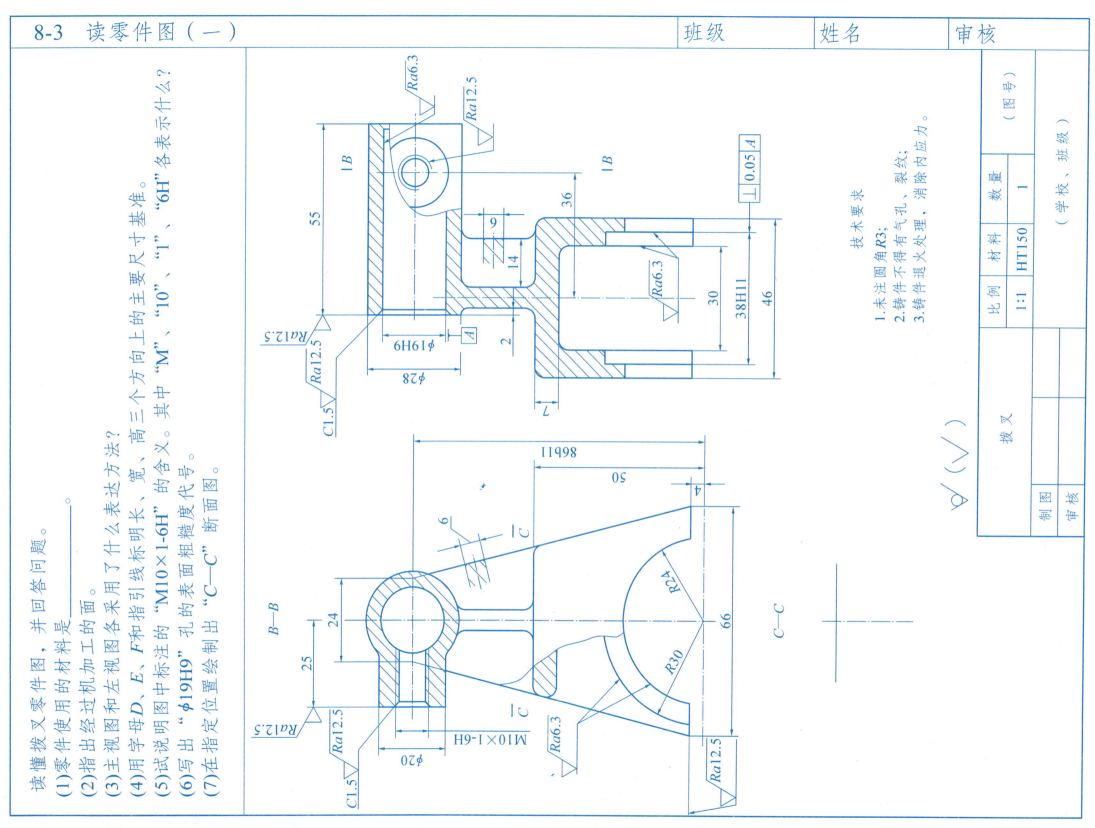

技术要求
1. 未注圆角R3；
2. 铸件不得有气孔、裂纹；
3. 铸件退火处理，消除内应力。

8-4 读零件图（二）

读懂支座零件图，并回答问题。

(1) 叙述各视图所采用的表达方法，并说明俯视图中虚线的意义。

(2) 用字母 B、C、D 和指引线标明长、宽、高三个方向上的主要尺寸基准。

(3) 图中有四处尺寸标错，请将错的尺寸圈起来，并以正确方式标注。

(4) 图中"$\phi7 \sqcup \phi13$"孔有几个？在图中指出。

(5) 写出"$\phi20$"孔的表面粗糙度代号。

(6) 在指定位置绘制出"A—A"断面图。

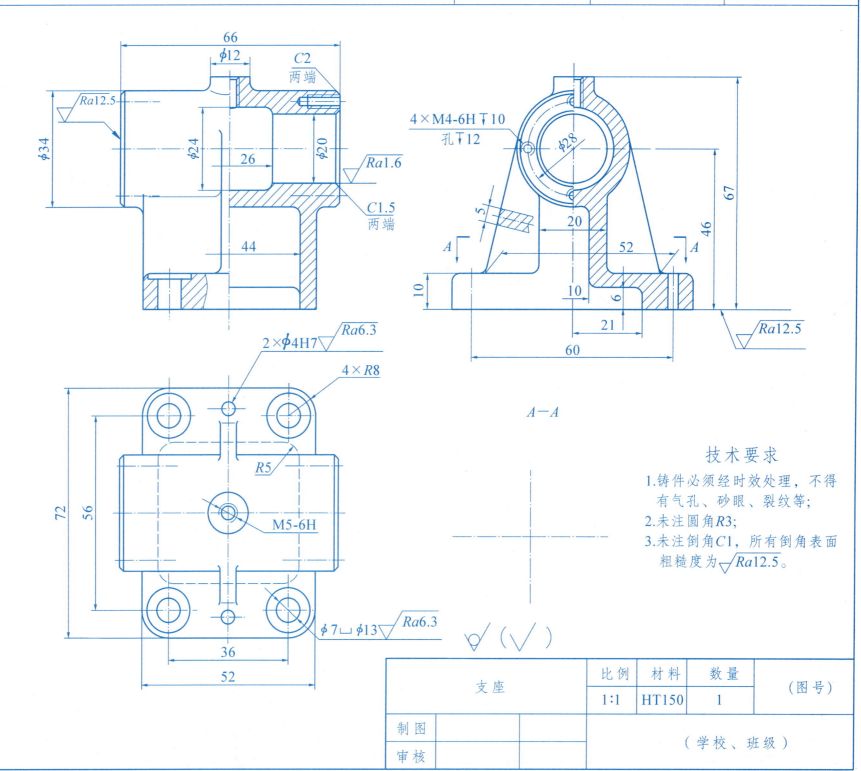

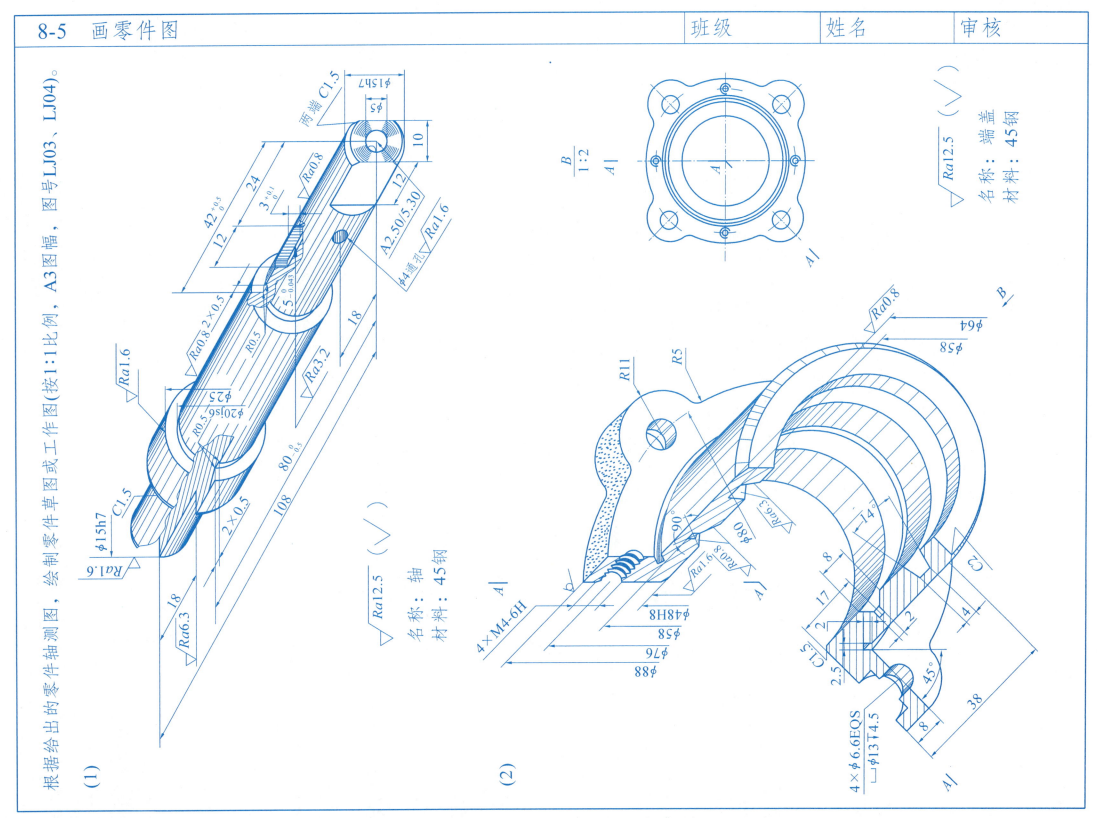

第9章 装配图

9-1 拼画联轴器装配图

班级	姓名	审核

根据装配示意图，将给出的联轴器零件组装在一起，按1∶1的比例从图中量取尺寸并在指定位置画出联轴器装配图。

联轴器中的标准件在图中没有画出，其参数见标准件明细栏，具体尺寸需查表确定，并按适当比例画出。

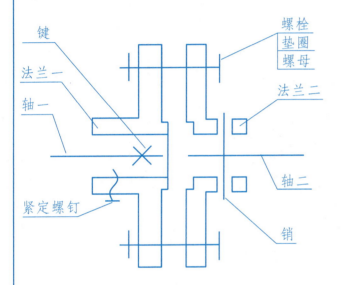

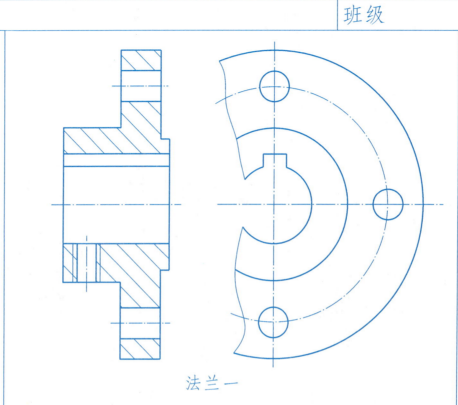

法兰一

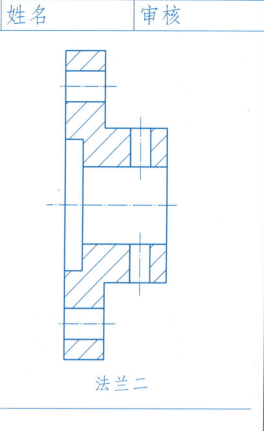

法兰二

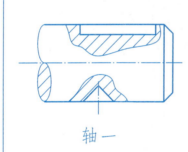

轴一

轴二

联轴器装配图

标准件明细栏

序号	代号	名称	数量
1	GB/T 119.1	销 10×90	1
2	GB/T 5782	螺栓 M16×70	4
3	GB/T 93	垫圈 16	4
4	GB/T 6170	螺母 M16	4
5	GB/T 1095	键 14×50	1
6	GB/T 71	紧定螺钉 M10×25	1

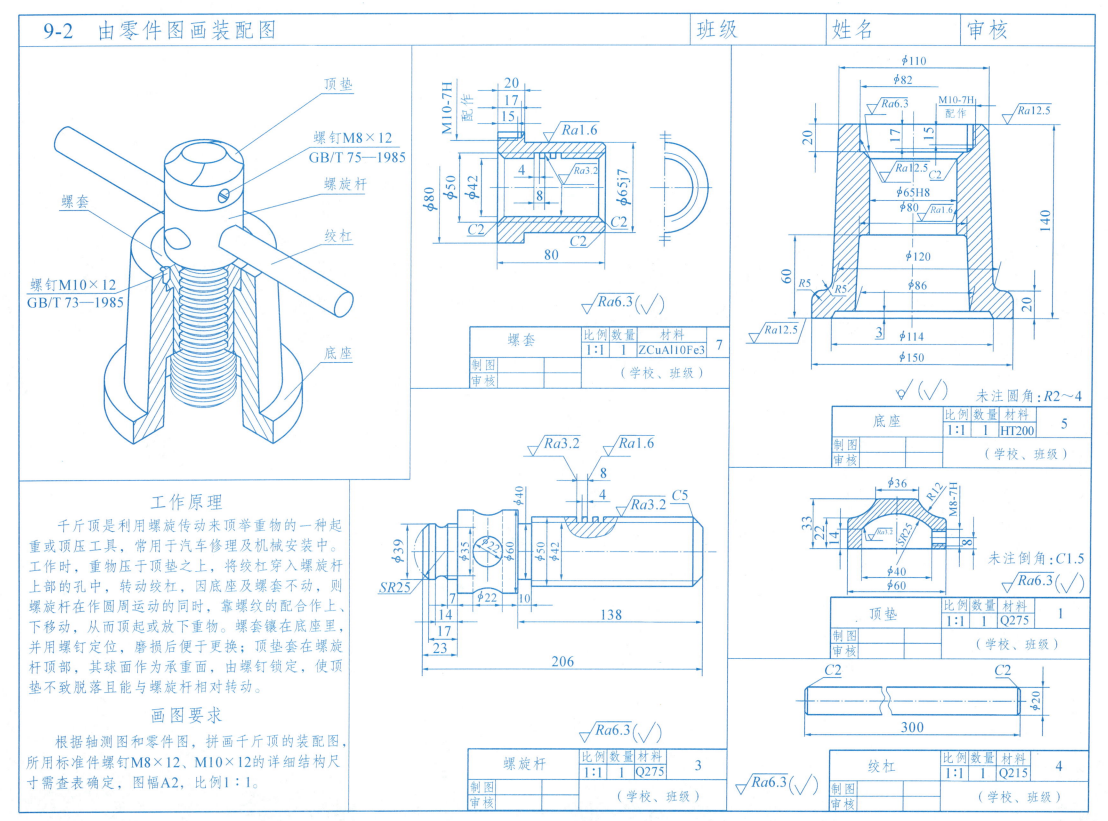

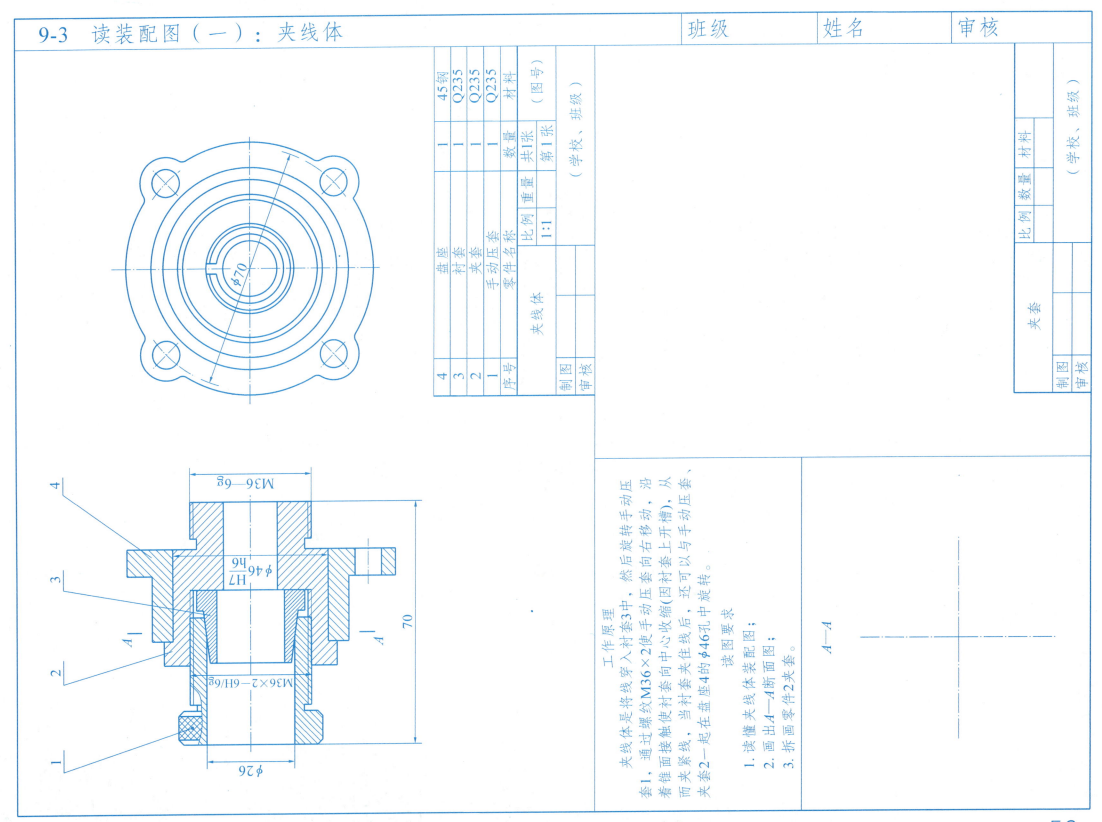

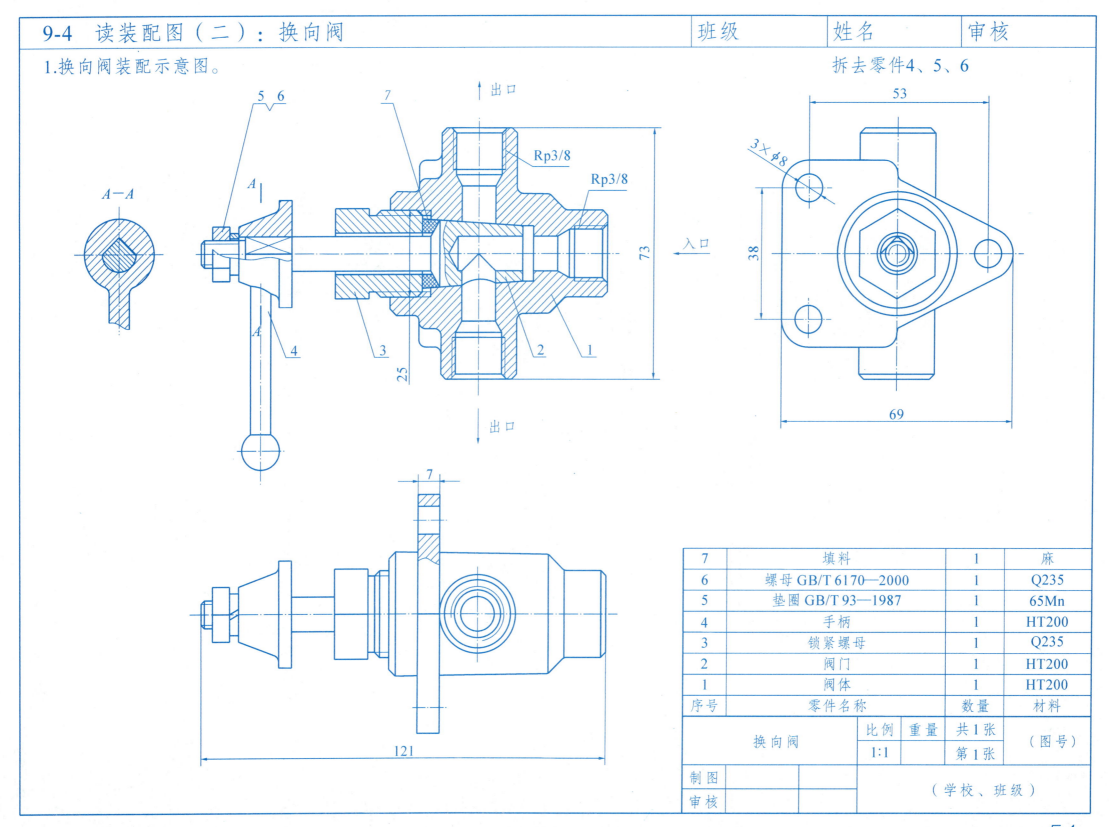

	班级	姓名	审核

2.根据换向阀的工作原理，拆画阀体1、阀门2和锁紧螺母3的零件图。

工作原理

　　本换向阀主要用于流体管路中控制流体的输出方向。在图示情况下，液体由右边进入，因上出口不通，只能从下出口流出，当转动手柄4，使阀门2旋转180°时，则下出口不通，改从上出口流出。根据手柄转动角度不同，还可以调节出口处的流量。

锁紧螺母		比例	数量	材料
制图				
审核			（学校、班级）	

阀门		比例	数量	材料
制图				
审核			（学校、班级）	

阀体		比例	数量	材料
制图				
审核			（学校、班级）	

9-5 读装配图（三）：平口钳

1. 根据平口钳的工作原理，读懂装配图回答问题。

工作原理：平口钳用于装夹被加工的零件。使用时将钳座8安装在工作台上，旋转丝杠10推动套螺母5及活动钳体4作直线往复运动，从而使钳口板7开合，以松开或夹紧工件。紧固螺钉6用来在加工时锁紧套螺母5。

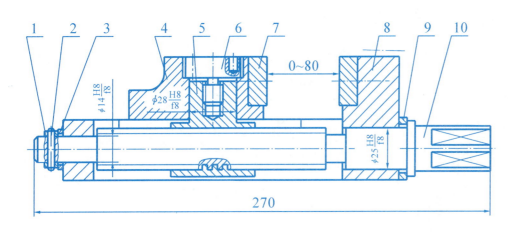

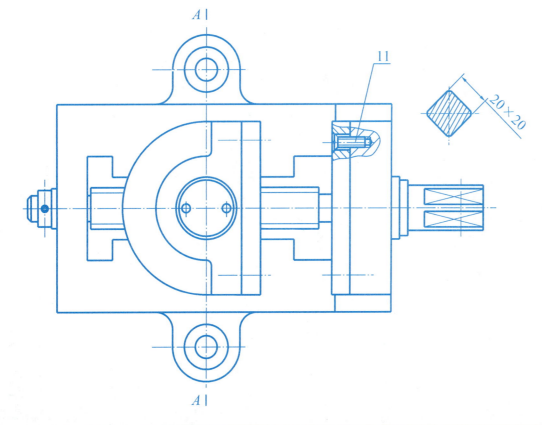

(1) 该装配体的名称是_____，由___种零件组成，标准件的序号有_____。

(2) 尺寸 $\phi 28H8/f8$ 是序号___和序号___的配合尺寸，其中 $\phi 25$ 是___尺寸，H8表示_____，f8表示_____，属于___制的___配合。

(3) 按装配图的尺寸分类，0~80属于___尺寸，160属于___尺寸，270属于___尺寸。

(4) 如果要拆下丝杠10，必须先拆掉零件___、___、___。

11	螺钉M6×20 GB/T 68—2000	4	35钢
10	丝杠	1	45钢
9	垫圈2	1	Q235
8	钳座	1	HT200
7	钳口板	2	45钢
6	紧固螺钉	1	35钢
5	套螺母	1	35钢
4	活动钳体	1	HT200
3	垫圈1	1	Q235
2	圆柱销8×26 GB/T 119.1—2000	1	35钢
1	挡圈	1	Q235
序号	零件名称	数量	材料

平口钳　比例 1:2　共1张 第1张

	班级	姓名	审核

2.根据平口钳的工作原理,拆画活动钳体4、套螺母5和钳座8的零件图。

活动钳体	比例	数量	材料
制图			
审核		（学校、班级）	

套螺母	比例	数量	材料
制图			
审核		（学校、班级）	

钳座	比例	数量	材料
制图			
审核		（学校、班级）	

参 考 文 献

[1] 何铭新，钱可强，徐祖茂.机械制图习题集[M].6版.北京：高等教育出版社，2010.

[2] 胥北澜，李喜秋，阮春红.画法几何及机械制图习题集[M].6版.北京：高等教育出版社，2008.

[3] 张大庆.画法几何基础及机械制图习题集[M].北京：电子工业出版社，2006.

[4] 胥北澜.画法几何及机械制图习题集[M].4版.武汉：华中科技大学出版社，2009.

[5] 赵雪松，鲁屏宇.工程制图习题集[M].武汉：华中科技大学出版社，2008.

[6] 林玉祥，王泰花，王秀英.机械工程图学习题集[M].2版.北京：科学出版社，2008.

[7] 大连理工大学工程图学教研室.机械制图习题集[M].5版.北京：高等教育出版社，2007.

[8] 李会杰，宫百香.工程制图习题集[M].北京：中国水利水电出版社，2006.

[9] 岳永胜，巩琦，赵建国，等.工程制图习题集[M].北京：高等教育出版社，2007.

[10] 刘力，王冰.机械制图习题集[M].北京：高等教育出版社，2000.

[11] 刘端荣，王谨.工程制图与CAD习题集[M].武汉：华中科技大学出版社，2009.